扫码看视频·轻松学技术丛书

猕猴桃

高效栽培与病虫害防治彩色图谱

MIHOUTAO GAOXIAO ZAIPEI YU BINGCHONGHAI FANGZHI CAISE TUPU

全国农业技术推广服务中心 ◎ 组编

姚春潮　李建军　刘占德 ◎ 主编

中国农业出版社

北　京

图书在版编目（CIP）数据

猕猴桃高效栽培与病虫害防治彩色图谱 / 姚春潮，李建军，刘占德主编．—北京：中国农业出版社，2021.1

（扫码看视频．轻松学技术丛书）

ISBN 978-7-109-27188-3

Ⅰ．①猕… Ⅱ．①姚… ②李… ③刘… Ⅲ．①猕猴桃－果树园艺－图谱②猕猴桃－病虫害防治－图谱 Ⅳ．①S663.4-64②S436.634-64

中国版本图书馆CIP数据核字(2020)第148379号

中国农业出版社出版

地址：北京市朝阳区麦子店街18号楼

邮编：100125

责任编辑：郭　科　谢志新　郭晨茜

版式设计：郭晨茜　　责任校对：吴丽婷　　责任印制：王　宏

印刷：北京中科印刷有限公司

版次：2021年1月第1版

印次：2021年1月北京第1次印刷

发行：新华书店北京发行所

开本：880mm × 1230mm　1/32

印张：9

字数：250千字

定价：58.00元

编 委 会

主　　编：姚春潮　李建军　刘占德

编写人员（按姓氏笔画排序）：

邓丰产　乔　林　刘占德　刘存寿

李　莉　李　琪　李小功　李建军

杨开宝　何丽丽　张　帆　周攀峰

屈学农　赵英杰　姚春潮

出版说明

现如今互联网已深入农业的方方面面，互联网即时、互动、可视化的独特优势，以及对农业科技信息和技术的迅速传播方式已获得广泛的认可。广大生产者通过互联网了解知识和信息，提高技能亦成为一种新常态。然而，不论新媒体如何发展，媒介手段如何先进，我们始终本着“技术专业，内容为王”的宗旨出版好融合产品，将有用的信息和实用的技术传播给农民。

为了及时将农业高效创新技术传递给农民，解决农民在生产中遇到的技术难题，中国农业出版社邀请国家现代农业产业技术体系的岗位科学家、活跃在各领域的一线知名专家编写了这套“扫码看视频•轻松学技术丛书”。书中精选了海量田间管理关键技术及病虫害高清照片，大部分为作者多年来的积累，更有部分照片属于“可遇不可求”的精品；文字部分内容力求与图片内容实现互补和融合，通俗易懂。更让读者感到不一样的是：还可以通过微信扫码观看微视频，技术大咖“手把手”教你学技术，可视化地把技术搬到书本上，架起专家与农民之间知识和技术传播的桥梁，让越来越多的农民朋友通过多媒体技术“走进田间课堂，聆听专家讲课”，接受“一看就懂、一学就会”的农业生产知识与技术的学习。

说明：书中病虫害化学防治部分推荐的农药品种的使用浓度和使用量，可能会因为作物品种、栽培方式、生长周期及所在地的生态环境条件不同而有一定的差异。因此，在实际使用过程中，以所购买产品的使用说明书为准，或在当地技术人员的指导下使用。

目　录 Contents

第 *1* 章

猕猴桃生物学特性

一、主要器官

主要器官

1. 根系（图1-1） 猕猴桃的根为肉质根，初生时为白色，后变为浅褐色（图1-2）。猕猴桃主根不发达，侧根和次生侧根多而密集，老根外皮呈黄褐色、黑褐色或灰褐色，内皮呈暗红色。老根外皮厚，常发生片状龟裂，呈现剥落状，根皮率30% ~ 50%。一年生根含大量水分和淀粉，含水量可达84% ~ 89%。猕猴桃幼苗长到2 ~ 3片真叶时主根停止生长，侧根代替主根，向水平方向四周扩展，生成大量次生侧根，形成簇生性侧根群，其上次生侧根呈须根状根系，是猕猴桃的主要吸收根。

图1-1 猕猴桃的根系

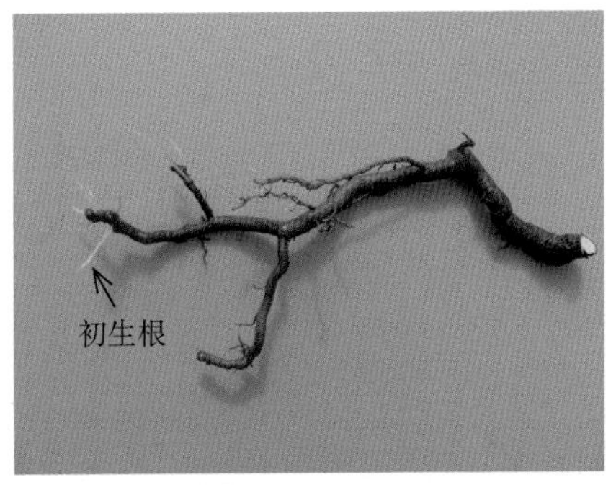

图1-2 猕猴桃初生根及一、二年生根

猕猴桃根系分布广而浅，广度超过枝蔓伸长的范围，一般为树冠直径的3倍左右。深度则随土质和土层而异。野生状态根系一般沿山坡向下朝水肥充足的地方伸展。土壤的疏松和肥沃程度制约着根系的分布，土层疏松湿润处次生侧根稠密。人工栽培条件下根系垂直集中分布于20 ~ 60厘米深的土层中。

猕猴桃根部组织中导管发达（图1-3），根压很大。在萌动和树液流动期，树体受伤易发大量伤流液。根系的生命力十分旺盛，易萌发根蘖苗，根系受伤后能产生不定根和

图1-3 猕猴桃根部组织中的导管

不定芽，萌发新的植株，因此，可以根插繁殖猕猴桃植株。

2. 芽 猕猴桃的芽着生于叶腋间隆起的海绵状芽座中，被3 ~ 5层具有锈色毛的鳞片包裹（图1-4）。通常一个叶腋间有1 ~ 3个芽，中间芽较大，为主芽，两侧是副芽，一般处于潜伏状。主芽易萌发成新梢，副芽通常情况下不易萌发，在主芽受伤、枝蔓重短截或受到其他刺激时，副芽才能萌发生长。

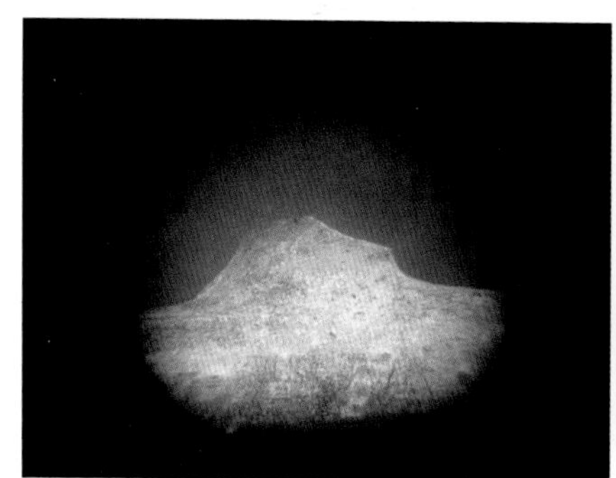

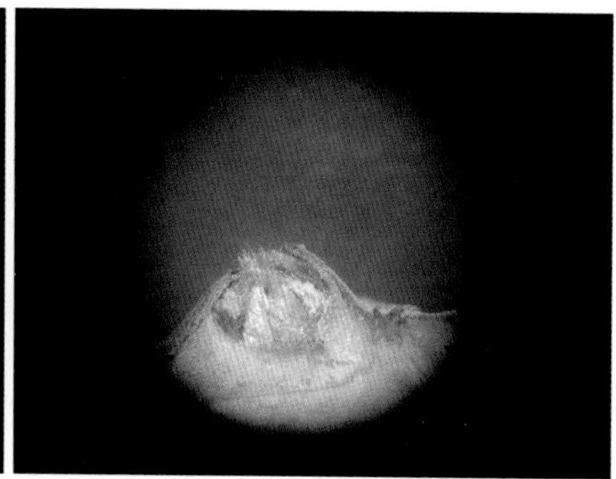

图1-4 芽

主芽分为叶芽和花芽。叶芽瘦小，只生枝不结果，萌发为营养枝制造营养，如幼苗和徒长枝上的芽；花芽为混合芽，芽体肥大饱满，萌发后先生枝蔓再在枝蔓上着生花序，在新梢中下部叶腋间形成花蕾。开花结果部位的叶腋间不形成芽而变为盲节（图1-5），不能发芽。猕猴桃芽有早熟性，可提前萌发抽枝形成二次枝、三次枝。枝蔓上芽位和萌发具有背地性。

图1-5 盲 节

3. 枝蔓 猕猴桃枝为蔓性枝，节间较长，有皮孔，一般为椭圆形呈斑点状突起。新梢呈黄绿色、褐绿色或棕绿色，密生灰棕色或锈褐色柔毛（图1-6）；一年生枝可达3 ~ 5米长，多为绿色或褐绿色，无毛或被茸毛、长硬刺毛；多年生枝紫褐色或灰褐色，茸毛多脱落（图1-7）。枝蔓上的毛是分类的主要依据，有软毛、粉状毛、星状毛和刺状毛等。

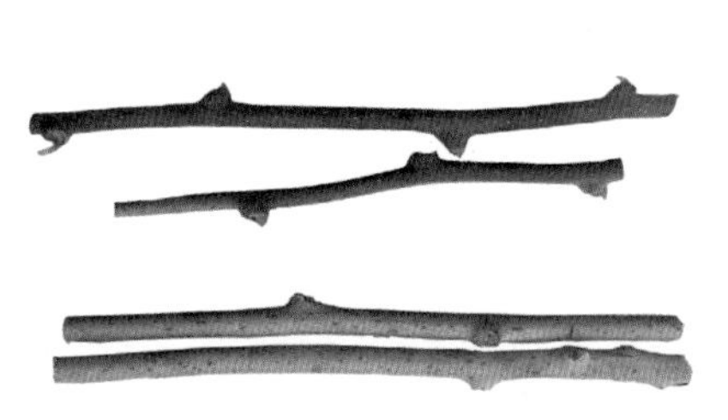

图1-6　新　梢

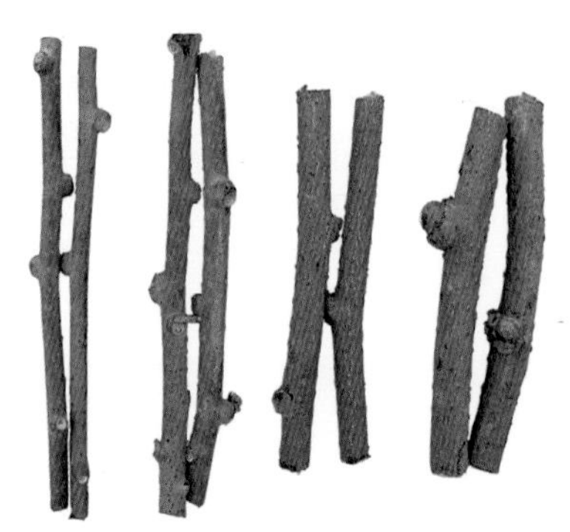

图1-7　多年生枝

枝蔓髓部分实心和片层状两种。新梢的髓呈黄绿、褐绿或棕褐色；老熟后髓部多呈圆形，髓片褐色（图1-8）。木质部组织疏松，导管大而多；韧皮部皮层薄。

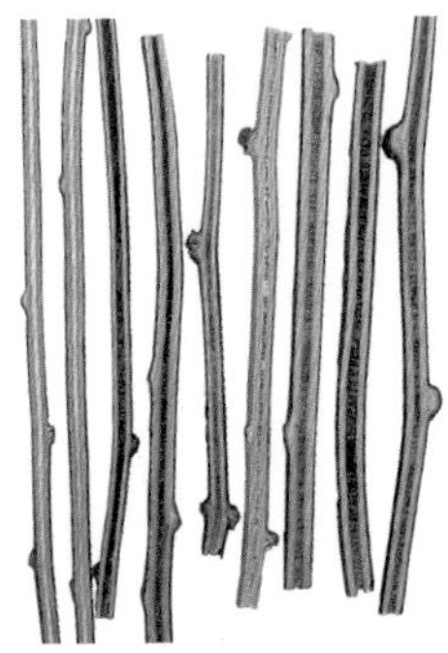

图1-8　枝蔓髓部

猕猴桃枝蔓由节和节间组成，当年萌发的枝蔓分为发育枝和结果枝：

（1）发育枝　即生长枝。根据生长势强弱，可将发育枝分为徒长枝、营养枝（图1-9）和短枝。徒长枝生长势极旺，基部直立向上，节间长，毛多而长。

图1-9　营养枝

（2）结果枝　长势均衡，当年萌发开花结果的枝蔓（图1-10）。根据枝蔓的发育程度和长度，结果枝可分为徒长性结果枝（100厘米以上）、长果枝（50～100厘米）、中果枝（30～50厘米）、短果枝（10～30厘米）和短缩果枝（10厘米以下）。

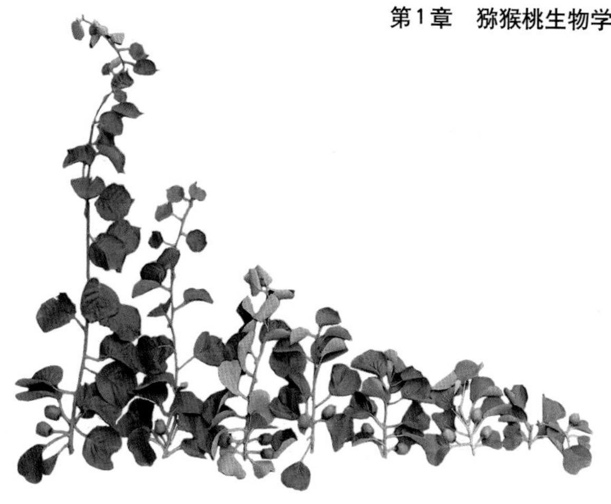

图1-10　结果枝

栽培猕猴桃骨架由主干、主蔓、侧枝、结果母枝、结果枝和营养枝组成（图1-11）。主干由实生苗或嫁接苗形成，由主干发出的骨架性多年生枝蔓为主蔓，主蔓发出的骨架性分支为侧枝。结果枝是着生在结果母枝蔓组上开花结果的当年生枝蔓。

图1-11　猕猴桃树基本骨架

温馨提示

猕猴桃的枝蔓有自枯现象，即枝蔓顶端在生长后期自行枯死的现象（图1-12）。生长弱的枝蔓自枯早，生长势强的枝蔓生长停止时才出现。猕猴桃还有负枝现象，即后发枝蔓比先发枝生长旺盛，先发枝变弱的现象，修剪时应注意。

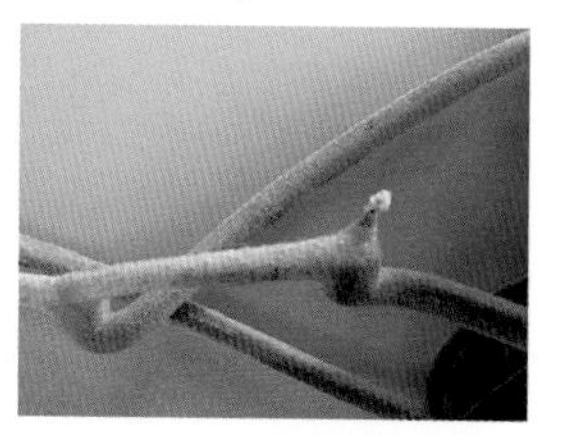

图1-12　枝蔓顶端自枯

作为藤本植物，猕猴桃的枝蔓比较柔软，具有蔓性，常按逆时针方向缠绕上长（图1-13）。栽培中前期必须绑蔓，后期要摘心修剪，以免缠绕造成架面郁闭。

4.叶　猕猴桃叶片为单叶互生，以螺旋状叶序着生在枝蔓上，叶片大而薄，纸质或半革质，形状有近圆形、卵圆形、椭圆形、扇形、披针形等，先端呈渐尖、急尖、浑圆、平截或凹入等，基部呈圆形、心脏形、楔形等（图1-14）。嫩叶黄绿色，老叶绿色或深绿色，具光泽。背面浅绿色，主脉和侧脉上有刺状毛或柔毛，细脉、网脉上密生白色或灰棕色星状毛。叶柄较长，黄绿、微红或水红色，上具长短不一的茸毛。叶脉羽状，延伸至叶缘，叶缘具刺毛状锯齿。

图1-13　枝蔓逆时针方向缠绕上长

图1-14　叶片的形状和大小

温馨提示

叶片是主要的光合营养器官，具有营养积累功能的叶片称为有效叶，不具营养积累功能的叶片称为无效叶。无效叶包括有幼嫩叶、衰老叶、遮阳叶、病虫害和风等机械损伤造成的大面积失绿叶或破损叶。栽培上应增加有效叶数量，减少无效叶数量，因为有效叶面积大，光合能力强，养分积累多，树体和果实发育好，能提高果园的总体生产能力。

5.花 猕猴桃花为单生或聚伞花序，初开时多为白色，后逐渐变为淡黄色至橙黄色，花谢后为褐色。猕猴桃花分为雌花和雄花，雌花（图1-15）较大而美丽，雄花（图1-16）较小，均有芳香，但无蜜腺。从形态上来讲都是两性完全花，但是由于雌花雄蕊花粉败育，雄花的子房与柱头萎缩，均失去生理功能，表现为单性花，即雌花不能自花授粉，要依靠雄花的花粉授粉；雄花只能授粉，不能结实。雄花成熟的花粉粒（图1-17）呈麦粒状，具有3条槽，花粉粒上有萌发孔。雌花的花粉粒干瘪，不具活力。

图1-15 雌花

图1-16 雄花

图1-17 雄花花粉

（1）雌花（图1-18） 雌花着生在结果枝第2～7节的叶腋间，1个花序有1～3朵花，即1个中心花和2个侧花，中心花发育良好，结果大，生产上多留中心花，疏除侧花（俗称“扳耳朵”）。花蕾呈扁球形，密生白色茸毛，雌蕊发育粗壮，明显高于雄蕊，子房上位，多室，由40个左右的心皮合生而成，中轴胎座。花柱基部连合，放射状排列

21 ~ 48枚白色柱头，子房内部含多数发育正常的倒生胚珠；雄蕊多数，花药中花粉粒小而干瘪，无活性。

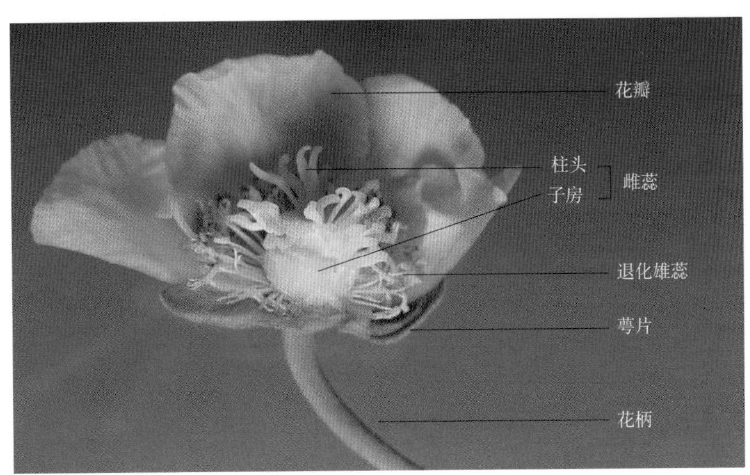

图1-18　雌花结构

（2）雄花（图1-19）　雄花多生于枝蔓1 ~ 9节的叶腋间，花蕾小，复聚伞花序，花序每节位上有3 ~ 7朵花。雄蕊发达，雌蕊退化，子房极小，几乎无花柱和柱头，子房内生20多个心皮，心室中无胚珠。

图1-19　雄花结构

6.果实　猕猴桃果实属浆果，由多心室上位子房发育而成。果实上萼片宿存，被褐色多列毛，成熟时毛枯死，常因摩擦而脱落，干缩枯萎的花柱残存于果顶。

猕猴桃果实多样化，形状有近圆形、椭圆形、圆柱形、卵圆形、纺锤形等；果皮有绿、黄绿、褐、棕褐和绿褐色等颜色，表皮无毛或被棕黄色茸毛、硬刺毛（图1-20）。果肉颜色有绿、黄、黄绿、绿黄、黄白、红等（图1-21）。猕猴桃果实结构由外果皮、内果皮和果心组成（图1-22）。

图1-20　果实形状和果皮颜色

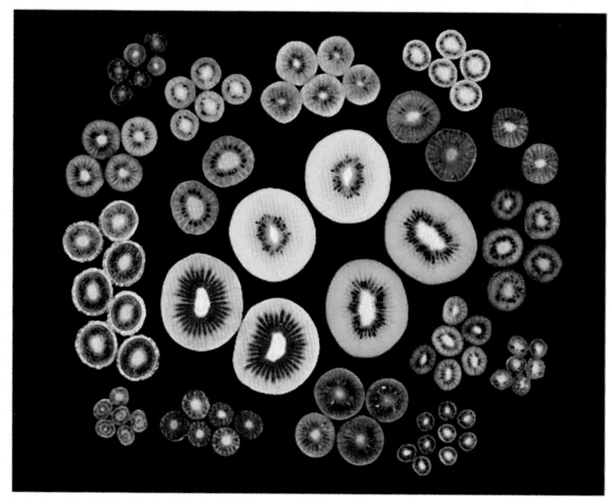

图1-21　果肉颜色

图1-22　果实结构

A.果柄　B.萼片　C.木质化果刷　D.果心　E.带有种子的内果皮　F.外果皮　G.腹维管束　H.背维管束　I.枯萎的花柱

（1）外果皮　从果实表皮层向内到柱状维管束外圈，由薄壁细胞组成，绿色或黄色。

（2）内果皮　从柱状维管束外圈向内到果心之外，由隔膜细胞组成，绿色或偶有红色，从果顶纵长直达果实基部，心皮包含于其中。每心皮内含有20 ～ 40粒种子。

（3）果心　近白色，由大而结合紧密的薄壁细胞组成柱状体，末端有一个硬的圆锥形结构与果柄相连，顶端有硬化的组织与枯萎花柱相连。

7.种子　猕猴桃种子很小，似芝麻，形状多为扁长圆形，种皮骨质；新鲜种子多为棕褐色或黑褐色，干燥的种子呈黄褐色，表面有蜂巢状网纹（图1-23）。授粉良好的单个果实的种子数可达1 000 ～ 1 500粒，千粒重1.2 ～ 1.6克。种子含油量22 % ～ 24%，最高可达36%左右，干性油，含亚油酸；还含有15% ～ 16%的植物性蛋白。

图1-23　猕猴桃种子

二、生长习性

生长习性

1. **根系的生长**　根系在土壤温度8℃时开始活动，20℃时进入生长高峰期，30℃时新根生长基本停止。在温暖地区，温度适宜时根系可常年生长而无明显的休眠期。在温带地区，根系的生长一年有3～4个高峰期，常与新梢生长交替进行，第一个高峰期出现在伤流期，有一个很弱的生长峰；第二个高峰期出现在6月新梢迅速生长期后；第三个高峰期在9月果实发育后期；第四个高峰期在采果后到落叶前。在高温干旱的夏季和寒冷的冬季，根系生长缓慢或停止活动。

2. **枝蔓的生长**　猕猴桃新梢全年生长期170～190天。在北方猕猴桃产区有两个生长阶段，第一个生长阶段从4月中旬展叶到6月中旬大部分新梢停止生长，其中4月末至5月中旬形成第一个生长高峰；第二个生长阶段从7月初大部分停止生长的枝蔓重新开始生长起到9月初枝蔓生长逐渐停止，其中8月上、中旬形成第二个生长高峰。在南方猕猴桃产区还会在9月上旬至10月中旬出现第三个生长阶段，在9月中、下旬形成第三个生长高峰，但强度比前两次高峰要小得多。如在陕西地区，新梢4月上旬萌发，5月下旬迅速生长，花落后缓慢生长，7月又出现1个生长高峰，9月气温降低生长变得缓慢，并逐渐停止生长。

枝蔓具有逆时针向上生长的特性。枝蔓一开始生长具有直立性，随着生长发育，出现缠绕性。枝蔓还具有明显的背地性，芽位向上的生长旺盛，与地面平行的生长中庸，向下的生长弱。

枝蔓的加粗生长第一次高峰期在5月，7月上旬又出现第二个小高峰，之后增粗变得缓慢，直至停止。

3. **叶的生长**　猕猴桃叶片着生于枝蔓上，呈螺旋状排列。从芽萌动开始，展叶后随枝蔓生长而生长。枝蔓生长最快的时候，也是叶片生长最快的时候。正常叶从展叶长至成龄叶需35～40天。展叶后的第10～25天是叶面积扩大最快的时期，叶面积可达到最终叶面积的90%左右。叶龄22～24天是叶片光合产物输入和输出的平衡点。叶龄小于22天的叶片不能制造满足自身生长的光合产物，要靠成龄叶输入碳素营养物质；从展叶后25天起，叶片开始大量输出光合产物。

三、结果习性

结果习性

1. 花芽分化 猕猴桃花芽为混合芽，花芽分化有生理分化和形态分化两个阶段。

(1) **生理分化阶段** 猕猴桃花芽的生理分化在越冬前就已完成，主要集中在7月中下旬至9月上中旬。分化形成花芽原基后，直到来年春季形态分化开始前，花器原基只是数量增加，体积变肥大，外观上无法与叶芽相区别。

(2) **形态分化阶段** 从芽萌动前10天左右开始，到开花前1 ~ 2天结束。形态分化通常是结果母枝下部节位的腋芽原基首先分化出花序原基，再进一步分化出顶花及侧花的花原基。花原基形成后，花的各部位先外后内依次分化，花前1 ~ 2天完成分化。

猕猴桃结果枝基部1 ~ 3个芽常为潜伏芽，第4节为不正常结果部位，第5 ~ 12节为可能结果部位，雄株在8节以上都可开花，雌株的花节数多在8个以下（图1-24）。

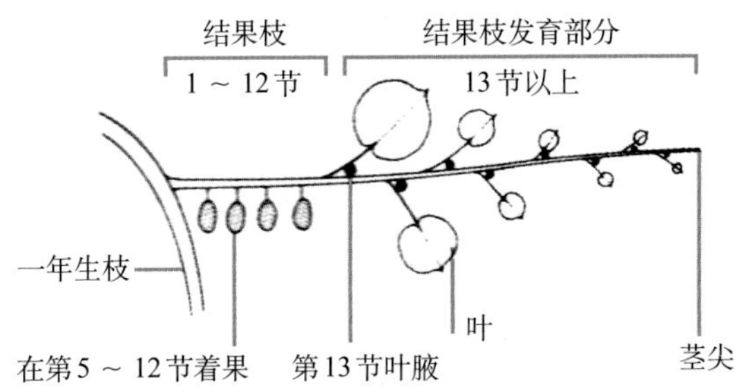

图1-24 盛夏结果枝结果与发育示意
（据Brundell，1975）

冬季低温不足、休眠时气温升高、发芽后气温剧烈变动及树体营养状况不良等都会影响花芽分化，增加花的败育率。如海沃德猕猴桃冬季需要4℃的低温50天以上才能分化有效花，新西兰猕猴桃冬季低温不足会造成花芽败育。营养正常的结果枝可着生5 ~ 7朵雌花，而营养不足的仅1 ~ 2朵雌花，多数因营养不良停止发育，现蕾后枯萎脱落。

2. 开花 猕猴桃的花期因种类、品种而异，同时受环境的影响较大。在陕西秦岭北麓产区，美味猕猴桃花期一般在5月上中旬，中华猕猴桃的花期比美味猕猴桃早5～7天。雌花从现蕾到开花需35～40天，雄花则需30～35天。雌株花期5～7天，雄株则7～12天。雌花寿命为3～6天，雄花为2～4天。

温馨提示

若天气晴朗、多风、干燥、气温高，花的寿命就短些；若阴天多雨、气温低，花的寿命相对长些。

开花顺序常为先内后外，先下后上；同一果枝或花枝上，枝蔓中下部花先开；同一花序中，中心花先开，两侧花后开（图1-25）。

图1-25　开花顺序

花初开时为白色、乳白色，后变为淡黄色至橙黄色，花谢后变为褐色，逐渐凋落（图1-26）。

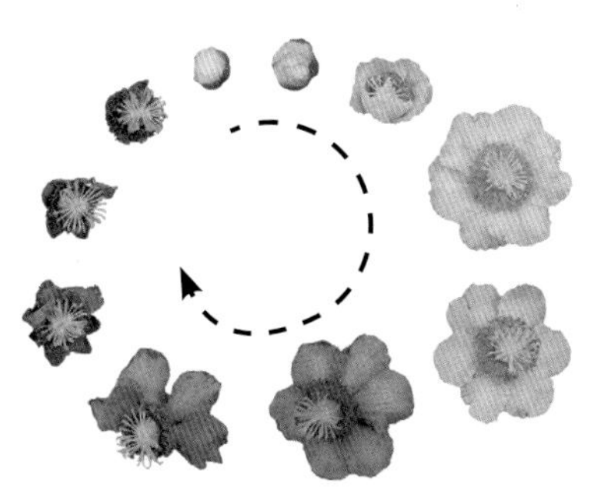

图1-26　开花过程花色的变化

花大多集中在清晨4：00～5：00开放，7：00后雌花开放较少，少量雄花也有下午开放的。但在晴天转为多云的天气，全天都可有少量的雌、雄花开放。花粉囊在天气晴朗的上午8：00左右开裂，如遇雨则在8：00后开裂。一般中华猕猴桃在早上8：00后散粉，美味猕猴桃在9：00～11：00散粉。

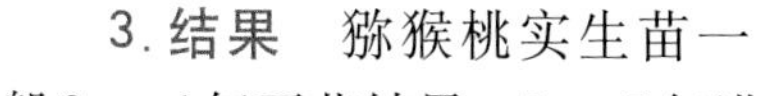

3. 结果　猕猴桃实生苗一般3～4年开花结果，5～7年进入盛果期。嫁接苗第二年即可开花，第

图1-27 结果部位

三年结果，第五至六年进入盛果期。猕猴桃成花容易，结果率高，果实一般着生于结果枝蔓的2 ~ 12节，以2 ~ 7节为主（图1-27）。

果实的生长发育期为130 ~ 160天。果实体积和鲜重的生长发育呈双S形曲线，即先快后慢，再快后慢型生长（图1-28）。大致分为3个阶段：

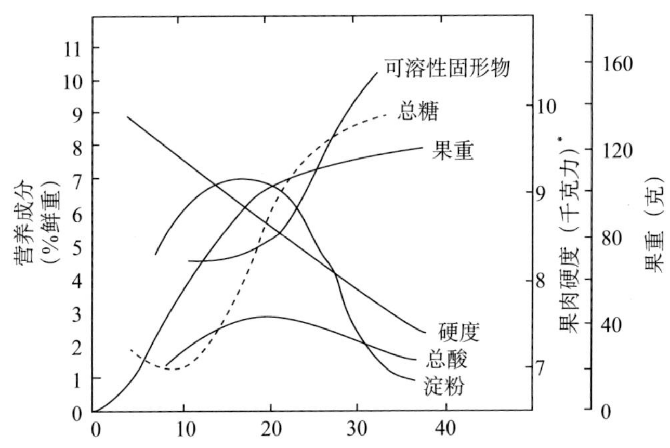

图1-28 猕猴桃果实生长过程中和成熟时营养成分的变化
（引自Beever和Hopkirk，1990）

（1）**迅速生长期（5月上中旬坐果后至6月中旬）** 花后50 ~ 60天，果实的体积和鲜重都迅速增加，生长量可达总生长量的70% ~ 80%，种子白色。内含物糖类和有机酸迅速积累。

* 1千克力≈9.8牛顿——编者注。

（2）缓慢生长期（6月中下旬至8月上中旬）　在迅速生长期后40～50天，果实生长缓慢。果皮颜色由淡黄转变为浅褐色，种子变为褐色。内含物淀粉及柠檬酸迅速积累，糖的含量则处于较低水平。

（3）生长后期（8月中下旬至采收）　缓慢生长期后40～50天，果皮变为褐色，种子颜色更深，更加饱满。果实汁液增多，淀粉含量下降，糖分积累，风味变浓，出现品种固有的品质。达到采收指标即可采收。猕猴桃采收时果实是硬的，经过生理后熟期后软化可食。

四、生长发育周期

1.伤流期　从早春萌芽前约1个月开始，到萌芽后约2个月的一段时间，为期近3个月。伤流期是根系生命活动的开始，土壤温度达到8℃时开始。植株受伤就会流出树液（图1-29），应避免造成伤口，以免树体营养流失。

生长发育周期

2.萌芽期　全树5%芽开始膨大，芽的鳞片裂开微露绿色（图1-30），持续20多天。此时芽内花序原基开始分化，根系开始进入第一个旺盛生长期，伤流进入盛期。

图1-29　伤流现象

3.展叶期　全树5%芽的叶片开始展开（图1-31）。当叶片展开到2/3大小时，由异养型转为自养型，接近全叶大小时，成为营养输出型叶片。展叶期花芽形态分化完成单花器官的分化。根系处于第一个旺盛生长期；伤流严重。

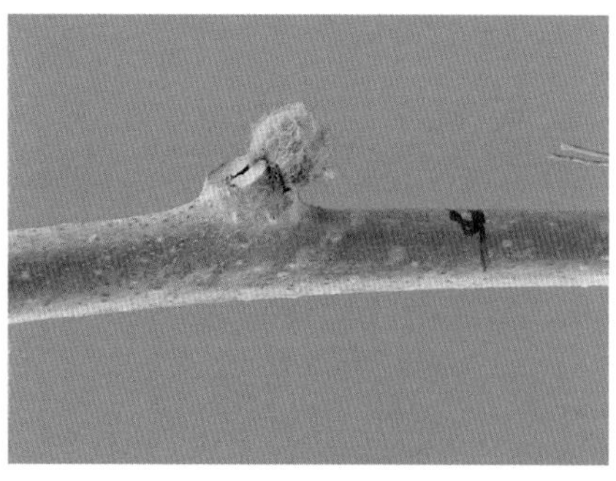

图1-30　萌　芽

4.新梢生长期　全树有5%的新梢开始生长，枝蔓生长充实。新梢生长期处于花芽形态分化后期，成熟叶片占到1/2～2/3；根系仍处于第一个旺盛生长期；伤流仍然较重。

图1-31　展　叶

5. 花期

(1) 现蕾期　全树有5%的枝蔓基部出现花蕾。花芽分化处于末期。根系生长旺盛，伤流仍然严重。树体营养消耗在花蕾上，现蕾期要施一次复合肥增加养分供应。

(2) 始花期　全树有5%的花朵开放。根系进入缓慢生长期，伤流减弱但未停止。

(3) 盛花期　全树有75%的花朵开放。可进行果园放蜂和人工授粉。

(4) 终花期　全树有75%的花朵花瓣凋落，花期结束，进入果实生长期。

6. 果实生长期　花后50 ~ 60天是果实的迅速生长期，果实细胞分化引起细胞数增加和细胞体积增大促使果实迅速膨大，果实的体积和鲜重迅速增加，生长量可达总生长量的70% ~ 80%。此期是果实的膨大关键期，营养供给决定着果实大小和整齐度，需追施一次膨果肥促进果实膨大。新梢第一次生长期和伤流期终止，树体进入下年花芽的生理分化期。全树75%的果实体积停止膨大后进入缓慢生长期，大约1个月进入根系二次旺盛生长期和夏梢迅速生长期。

7. 果实成熟期　果实大小基本定型，果实处于营养物质积累期，糖类含量先增后减，主要转化为淀粉积累；有机酸含量缓慢上升后稍有下降，并维持在相对稳定的水平；可溶性固形物含量一直上升。果实成熟期持续1个多月时间。

8. 果实采收期　一般果实可溶性固形物含量达到6.5%时果实生理成熟，符合采收标准。注意适期采收，不可早采，早采果实风味不佳，口感不好。

9. 落叶期　全树有5%的叶片开始脱落至75%的叶片脱落，是一年生长的结束，休眠期的开始。

10. 休眠期　全树有75%的叶片脱落完毕到来年芽膨大或伤流开始的时期。果树处于缓慢活动期，要做好冬季防寒和保水工作，防治抽条或树体受冻。

美味猕猴桃的物候期一般比中华猕猴桃晚，萌芽、展叶期晚4～5天，开花期晚7～10天，果实成熟期晚20～35天。

五、对环境条件的要求

猕猴桃多分布在北纬18°～34°地区，喜温暖湿润的条件，适合在阳光充足、排水良好、富含腐殖质的土壤上生长。猕猴桃主要分布区气象条件见表1-1。

对环境条件的要求

表1-1　猕猴桃主要分布区气象资料

气象资料	中国猕猴桃主要分布区		新西兰猕猴桃主要分布区
	美味猕猴桃	中华猕猴桃	
年平均气温（℃）	11～18	11～20	12.5～15.2
1月气温（℃）	－1～8	1～13	7.0～10.8
7月气温（℃）	23～29	25～30	17.4～19.2
极端高温（℃）	40～43	42～44	–
极端低温（℃）	－17～－23	－8.4～－20.6	–
大于10℃积温（℃·天）	4 000～5 600	4 500～6 500	5 113
年日照时数（小时）	1 500～2 300	1 500～2 300	2 000～2 400
年降水量（毫米）	600～1 600	750～2 000	1 754
无霜期（天）	215～300	211～350	268～346
空气相对湿度（%）	75～85	75～85	77～88
海拔（米）	200～2 000	50～2 300	–
土壤pH	4.9～7.9	4.9～7.9	5.5～7.2

栽培生产中影响猕猴桃生长发育的主要生态因子有温度、光照、土壤、水分和风等环境条件。

1. 温度　温度不仅直接影响猕猴桃的地理分布，还制约猕猴桃的生长发育速度。不同品种对温度要求略有差异。大多品种要求温暖湿润性气候，年平均气温11.3～16.9℃，极端高温42℃左右，极端低温－20℃

左右，大于10℃有效积温4 500 ～ 5 200℃，无霜期160 ～ 270天。主要栽培种美味猕猴桃较偏冷凉，中华猕猴桃略偏温热。

猕猴桃的生物学零度为8℃，即在日平均温度8℃以上时才开始萌芽生长；15℃以上才能开花，20℃以上才能结果，当气温降至12℃左右就进入休眠。

猕猴桃解除自然休眠进行发育要求一定的冬季低温春化。一般休眠猕猴桃植株开始营养生长需在4℃低温下经过950 ～ 100小时。低温不足是高温地区栽培的限制性因子，会推迟萌芽，降低花量，增加败育花数量，延长花期。如海沃德的低温需要量较高，在新西兰由于低温不足存在萌芽率不高的问题，需要喷施化学药剂来提高萌芽率。陕西关中冬季低温量较高，海沃德的萌发率可达60%以上。

温馨提示

早春低温会推迟萌芽和开花期，日平均气温每下降1℃，萌芽期延迟5 ～ 7天，开花期相应推迟10 ～ 12天。

生长期的猕猴桃对低温十分敏感，早春的倒春寒和晚霜以及秋季的早霜会冻伤猕猴桃，造成严重损伤和损失。早春的低温晚霜严重影响猕猴桃芽的萌动、展叶和新梢的生长发育，−1.5℃持续半小时就会使已经萌动的花芽全部冻死。如1998年关中地区出现倒春寒，日平均温度下降10℃多，最低达到−4℃，冻死了许多刚膨大的芽，花大量减少；2017年4月7日低温晚霜造成猕猴桃新发的枝蔓和叶片冻伤干枯死亡（图1-32），花蕾冻伤，受冻严重的果园绝收。晚秋的温度突降和早霜会直接危害果实，造成晚熟品种不能完成生理后熟，不能正常软化，不耐

图1-32　猕猴桃晚霜危害

贮存，品质下降，甚至出现腐烂，丧失食用价值。同时会中断叶中养分向枝蔓和根部回流，减少养分贮存，影响第二年春季萌芽后生长。特别是猕猴桃正常休眠后，耐寒力强，−20℃也可安全越冬。但是当叶还未正常脱落而未进入休眠时，遭遇突然降温易发生极大的冻害，轻者冻伤树体，严重的造成植株死亡。2009年11月秦岭北麓猕猴桃产区突然下雪降温，造成大量树体死亡，损失严重（图1-33）。

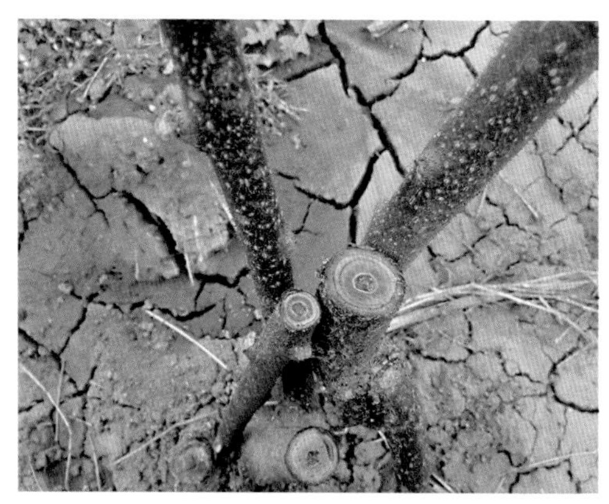

图1-33　猕猴桃冬季冻害造成树体死亡

猕猴桃不耐高温。尽管猕猴桃自然分布区极端高温达42℃，但过高温度会妨碍光合作用，加大呼吸消耗，减少营养物质积累，导致树体生长衰弱，花芽分化不良，产量降低。一般来说，当气温超过30℃时，其枝蔓、叶、果的生长量均显著下降，高温伴随干旱，会使猕猴桃叶片出现水渍状烫伤而失水变褐、焦枯坏死，甚至大量落叶。33℃时果实阳面即发生日灼，受伤果凹陷皱缩，出现褐色至黑色干疤，严重时果肉坏死，造成落果。日灼果采收后也易腐烂变质，失去食用价值。

昼夜温差直接影响猕猴桃果实品质。昼夜温差大，有利于减少养分的消耗，积累营养物质，提高果实品质。

2. 光照　猕猴桃喜光耐阴，多生长在半阴坡的环境，对强光照敏感。幼苗和幼树喜阴，忌强光直射，幼苗期需要遮阴；成年树则喜阳，需要良好的光照条件，年日照时数需1 300 ～ 2 600小时。一旦出现连续阴雨天气，光照不足，会使叶片长得大而薄，光合作用下降，致使猕猴桃营养生长、花芽分化及果实发育不良，从而导致果品质量下降。枝叶郁闭的果园会因为通风透光能力差而削弱枝蔓生长，发生落叶落果和枝蔓枯死现象。

强光直射会损伤猕猴桃叶片和果实。夏季光照过强，叶片受到损伤会出现青干，或暴露于枝叶外的果实表面细胞及皮下部分果肉细胞受到伤害而导致日灼，影响果实外观品质，重则大量落果甚至整株死亡。

3. 土壤　土壤是猕猴桃摄取生长发育所需的矿物质营养和水分的载体。

(1) 土质　猕猴桃喜土层深厚、肥沃疏松、保水排水良好、非碱性、非黏重、有机质含量高的壤土。土壤通气性好，能满足根系旺盛生长的需氧量，有利于根系向下伸展扩大吸收范围。黏重土壤，因为黏土团粒结构差、通气透水性差、易积水、有机质含量少，会导致根系发育不良，不适合猕猴桃生长。

(2) 土壤pH（酸碱度）　直接影响猕猴桃能否栽培成功。自然条件下，猕猴桃在pH5.5 ~ 6.5酸性或微酸性土壤中生长良好。一般在pH5.5 ~ 7.5的土壤中比较适宜。pH与土壤中矿物质营养的利用有直接关系。在潮湿多雨地区，土壤pH<7，土中的可溶性盐类如钙盐常流失，树体缺钙；pH>7.9的土壤植株容易发生黄化现象。

(3) 土壤矿质元素　猕猴桃除需要氮、磷、钾等大量元素外，还需要丰富的镁、锌、铁等中微量元素。尤其对铁的需求高于其他果树，要求土壤有效铁的临界值一般为11.9毫克/千克，而苹果只有9.8毫克/千克，梨仅6.3毫克/千克。pH>7.5时，铁在土壤中有效值很低，故偏碱性土壤栽培猕猴桃应注重多施铁肥，以避免缺铁性黄化病的发生。猕猴桃果实和叶片中的矿物质含量远高于苹果和葡萄，部分元素对比见表1-2。

表 1-2　美味猕猴桃与苹果和葡萄的钙、镁、钾分析比较

果树	器官	每100克果实干重中矿物质的含量（克）			矿质比		果叶比		
		钙	镁	钾	钙/镁	钙/钾	钙	镁	钾
猕猴桃	果实	0.16	0.07	2.90	2.29	0.06	0.05	0.18	0.97
	叶片	3.10	0.40	3.00	7.75	1.03			
苹果	果实	0.02	0.03	0.70	0.67	0.03	0.01	0.12	0.58
	叶片	1.52	0.26	1.20	5.85	1.27			
葡萄	果实	0.04	0.04	0.50	1.00	0.31	0.02	0.02	0.26
	叶片	1.70	0.20	0.50	8.50	3.40			

知识拓展

据研究，10年生猕猴桃每株每年由于修剪和采果损失的主要营养为氮196.2克，磷24.49克，钙100.1克，镁25.45克，钾253.1克。为弥补这部分损失每年每公顷需施氮78千克，磷9.8千克，钙41千克，镁10.4千克，钾98千克。

4.水分　水分是生命之源，主要在植物体内参与生命活动，维持渗透压和植物体温，运输营养和代谢物质。猕猴桃是生理耐旱性弱的植物，对土壤水分和空气湿度的要求比较严格。猕猴桃植株生长迅速，叶片肥大，输导组织和气孔发达，蒸腾作用强，耗水量大。关中产区，猕猴桃日平均蒸腾速率达5.3克/（分米^2·小时），最高可达10克/（分米^2·小时）。相似条件下，苹果则分别仅为3.4克/（分米^2·小时）和5.0克/（分米^2·小时）。而且猕猴桃的水分利用率较低，每克干物质约消耗水分苹果为263.9克，猕猴桃则需要437.8克，是落叶果树中需水量较大的果树。

猕猴桃喜潮湿，怕干旱，又不耐涝。树体含水量高，约占植株的90%。凡年降水量在800～2 200毫米，空气相对湿度在75%以上的地区，均能满足猕猴桃对水分的要求。

猕猴桃在轻度缺水状态下生长受到影响，但是一旦解除水分胁迫，即可恢复正常。缺水时，根系最先受害，根毛停止生长，根系吸水能力下降。地上部表现为新梢生长缓慢或停止，出现枯梢，叶面出现不规则褐变，叶缘出现褐色斑点焦枯或水烫状坏死，严重时引起落叶或叶片萎蔫，导致根系死亡。对果实影响，轻则生长停滞，重则失水过多而萎蔫，出现日灼现象，果实脱落。对新建幼园则会造成幼苗失水枯死。夏季高温、强光、低湿度往往会产生协同作用，严重影响猕猴桃的生长发育，猕猴桃的根系、枝梢生长受到抑制，叶面积变小，叶片易灼伤，叶缘枯萎甚至落叶，在极端胁迫下，落叶率甚至超过90%，影响次年开花结果。因此夏季灌水抗旱尤为重要。

温馨提示

一般而言，美味猕猴桃的抗旱能力强于中华猕猴桃。对于较为干旱的地区，可以选择抗旱能力较强的美味猕猴桃品种。

水分过多同样有害，由于猕猴桃根系组织空隙率小，对土壤通气不良的缺氧状态十分敏感。水分过多导致的缺氧会使树体伤害随温度的升高而加重，所以夏天猕猴桃对水淹缺氧会更加敏感，排水不良或积水时，大约1周即可淹死。

5. 风 风也是影响猕猴桃生长发育的重要因素，猕猴桃对风非常敏感。猕猴桃叶片大而薄，脆而缺乏弹性，易遭风害，轻则叶片边缘呈撕裂状破碎，重则叶片全被吹掉，使新梢从基部劈裂。大风会使猕猴桃的嫩枝蔓折断，使果实与叶片、枝蔓、棚架摩擦，造成叶摩或果面伤痕，不能正常发育或影响品质。

猕猴桃人工栽培时要避开风口和常发生狂风暴雨的地方。风口上的果园在建园时需要设防风林。

但是猕猴桃也需要微风，尤其是在花期，需要1～3级和风以帮助传授花粉，并调节园内的温度、湿度。

第 2 章

规范化建园技术

一、园址选择

我国野生猕猴桃多分布在长江流域和秦巴山区、伏牛山、大别山等深山区。这些丘陵、山地日照充足、空气流通、排水良好、病虫害少，因此猕猴桃生长发育正常，产量高，果实耐贮藏。猕猴桃有“四喜”（喜温暖、喜潮湿、喜肥、喜光）、“三怕”（怕旱涝、怕强风、怕霜冻）。园址应选择在气候温暖，雨量充沛，无旱、晚霜危害，背风向阳，水资源充足，灌溉方便，排水良好，土层深厚且富含腐殖质的地区。

栽培地区的年平均气温12 ～ 16℃，从萌芽到休眠的生长期内≥8℃的有效积温在2 500 ～ 3 000℃，无霜期≥210天。年日照时数超过1 900小时，但光照过强的正阳山坡地、光照不足的阴坡地和狭窄的沟道不宜建园。

园地交通便利，以平坦地为宜，坡度在15°以下的坡地次之。山坡地宜在早阳坡、晚阳坡处建园。低洼地及狭小盆地霜冻较严重，又易积水，不宜建园。山头、风口处由于风较大不宜建园。

园址周围不得有大气污染源，特别是上风口不得有污染源（如化工厂、钢铁厂、火力发电厂、水泥厂、砖瓦窑、石灰窑等），不得有有毒有害气体、烟尘和粉尘排放。

土壤以轻壤土、中壤土和沙壤土为好，重壤土建园时必须进行土壤改良。土壤有机质含量1.5%以上，地下水位在1米以下。土壤以中性偏酸为宜，pH5.5 ～ 7.5。土壤未受到人为污染，农药残留量未超标，超标的地区，不宜选址。

年降水量1 000毫米左右，分布均匀，能够满足猕猴桃各个生长季节的需要。同时必须有良好的灌溉条件及排水设施。灌溉水源要来自地表水、地下水，水质要保证清洁无污染，水中的重金属和有毒有害物质含量不得超标。

园址的选择与规划

二、园地规划

应充分考虑当地的条件，全面规划，合理布局，配置好田间作业道路、灌溉排水设施等。

1. 果园分小区，建好生产路 为了方便管理，大块土地或者平原地区单个作业小区面积不宜超过50亩*，小区长度不宜超过150米。小块土地则按实际情况而建。山地建园，以一道沟或一面坡为作业区。小区划分必须考虑道路、水渠的位置。小区间要留有作业机械或运输工具出入的道路。果园应交通方便，便于运输。

果园应配备看护房、工具房、果库或临时果库、农药库房、水池等，一般规模可以根据果园的大小调整。

2. 建设灌溉和排水设施 猕猴桃喜湿怕涝，在南方地区或地下水位高的地区建园，必须建好排灌水系统。灌溉以现代化的喷灌、微喷、滴灌等技术为首选，也可采用渗灌，以减少大水漫灌带来的土壤板结。丘陵地区修蓄水池、小型水库，平时蓄水，干旱时灌溉。山地在果园的高处或水源源头修蓄水池灌溉。建排水系统可在果园周围挖50厘米深的排水渠。地下水位较高，可在果园间隔1～2行间开挖1条排水沟，与果园四周的排水沟相通（图2-1）。栽植上必须采用高垄栽培，多雨地区应搭建避雨棚。

图2-1 排水沟与高垄栽培

3. 建设防风林 猕猴桃叶大质脆，枝蔓生长快，抗风能力差，遇风损伤严重，因此在风害严重地区必须建设防风林。防风林可保护猕猴桃树枝不被风吹断，减少叶片摩擦，避免果实因风大而摩擦发黑，还可以改善小气候。生产上一般采用建设防风障和营造防风林的方法减缓风害（图2-2、图2-3）。

防风林一般应选树冠高大、防风效果好的树种，如杨树、柳树、柏树等。高大乔木中间栽灌木类，效果更好。防风林建设要和主风方向垂直。果园的周围栽植防风林，距离猕猴桃栽植行5～6米，可以栽植1

* 亩为非法定计量单位，1亩≈667米²——编者注

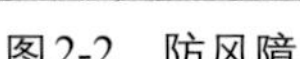
图2-2　防风障

图2-3　防风林

排杨树、柳树等乔木，株距1米左右，树高保持在10米左右。在乔木之间加植紫穗槐等灌木。园内在迎风面每50 ～ 60米设置一道防风林。防风林长大后，每年从内侧靠猕猴桃树体的一面深挖断根，避免林带和猕猴桃争夺肥水。每年夏、秋两季各修剪一次，修成围墙状，将所有下垂枝、开张角度大的枝去除，留直去斜，减少地面遮光面积，给猕猴桃让路，使其通风透光，不影响猕猴桃正常生长。面积较小的果园，在园外迎风处栽植几行防风树即可，也可立高10 ～ 15米的人造防风障来防风。

三、品种选择与优良品种介绍

猕猴桃属攀缘性落叶藤本果树，在植物分类学上属猕猴桃科(Actinidiaceae)、猕猴桃属(*Actinidia*)，该属有54种21个变种共75个分类单元。生产上经济价值高的主要有中华猕猴桃（*Actinidia chinensis*）、美味猕猴桃（*Actinidia deliciosa*）、毛花猕猴桃（*Actinidia eriantha*）、软枣猕猴桃（*Actinidia arguta*）、狗枣猕猴桃（*Actinidia kolomikta*）、葛枣猕猴桃（*Actinidia polygama* ）等。生产上的栽培品种以美味猕猴桃、中华猕猴桃为主，有少量的毛花猕猴桃和软枣猕猴桃。中华猕猴桃成熟期较早，耐贮性差；美味猕猴桃成熟期较晚，耐贮性较好。

要根据市场需求和产地条件选择适宜的、经过品种审定部门审定或认定的优良品种。品种构成应该以发展优质、丰产、耐贮晚熟品种为主，搭配栽植早、中熟品种。面积较大的果园要注意早、中、晚熟品种搭配，避免品种单一、成熟期太过集中而影响销售，以不超过3个品种为宜。常见猕猴桃品种介绍如下。

品种选择与授粉品种搭配

海沃德（Hayward）

来源：新西兰的苗木商人海沃德·赖特（Hayward Wright）选育

花期：5月上中旬

果实成熟期：10月中下旬

果肉颜色：绿色

品种特性：果实阔椭圆形至阔长圆形，纵径6.4厘米，横径5.3厘米，窄径4.9厘米，平均单果重80克，最大150克；果皮绿褐色，密被褐色硬毛；果肉致密均匀，果心小，汁液多，甜酸适度，有香味；含总糖7.4%，总酸1.5%，每100克果肉含维生素C 93.6毫克，软熟后可溶性固形物14.6%。果形美观，耐贮藏，货架期长，是目前最耐贮藏的品种。缺点是管理水平要求较高，抗风能力较差，早果丰产性稍差。主要以长果枝结果，结果枝蔓多着生在结果母枝的5 ~ 14节，以5 ~ 9节为主，宜在早期采取促果措施（如环剥、环割和倒贴皮等）（图2-4）。

图2-4　海沃德

秦美

来源：西北农林科技大学和周至猕猴桃试验站合作选出

花期：5月上中旬

果实成熟期：10月上旬

果肉颜色：绿色

品种特性：果实椭圆形，纵径7.2厘米，横径6.2厘米，平均单果重106.5克，最大单果重204克。果皮褐色，密被黄褐色硬毛。果肉质地细而果汁多，酸甜可口，香味浓。含总糖8.7%，总酸1.58%，每100克果肉含维生素C 190 ~ 354.6毫克，软熟时可溶性固形物14.4%，味酸甜多汁。以鲜食为主，也可加工成罐头、果酱、果脯和果汁（图2-5）。

图2-5　秦　美

哑特

来源：西北农林科技大学等单位选育而成

花期：5月上中旬

果实成熟期：10月上旬

果肉颜色：翠绿色

品种特性：晚熟鲜食品种。果实短圆柱形，平均单果重87克，最大127克。果皮褐色，密被棕褐色糙毛。果心小，每100克果肉含维生素C 150 ~ 290毫克，软熟时可溶性固形物15% ~ 18%。风味酸甜适口，具浓郁香气，货架期、贮藏期较长（图2-6）。

图2-6 哑 特

徐香

来源：江苏徐州果园从海沃德实生苗中选出

花期：5月上中旬

果实成熟期：9月中下旬

果肉颜色：翠绿色

品种特性：果实圆柱形，平均单果重75 ~ 110克，最大单果重137克；果皮黄绿色，被黄褐色茸毛；果肉绿色，汁液多，风味酸甜适口，香味浓，每100克果肉含维生素C 99.4 ~ 123毫克，可溶性固形物15.3% ~ 19.8%。适应性强，易管理，早果性和丰产性较好，货架期和贮藏期较长（图2-7）。

图2-7 徐 香

翠香

图2-8　翠　香

来源：西安市猕猴桃研究所育成

花期：4月下旬至5月上旬

果实成熟期：9月上旬

果肉颜色：翠绿色

品种特性：果实长纺锤形，果皮绿褐色，较厚，难剥离，果面稀生易脱落的黄褐色茸毛。纵径6.5厘米，横径4.5厘米，平均单果重82克，最大130克。果肉质地细而果汁多，香甜可口，味浓有香气。含总糖3.34%，总酸1.17%，每100克果肉含维生素C 99毫克，软熟后可溶性固形物17.0%以上。成熟采收的果实常温下后熟期12 ～ 15天，0℃下可贮藏3 ～ 4个月（图2-8）。

农大猕香

图2-9　农大猕香

来源：西北农林科技大学从徐冠猕猴桃的实生后代中选出

花期：4月下旬至5月上旬

果实成熟期：10月中下旬（陕西省关中地区）

果肉颜色：翠绿色

品种特性：果实长圆柱形，平均单果重98克。果皮褐色，茸毛较短。果肉黄绿色，果心小，肉质细，多汁，鲜果总糖12.5%，有机酸1.67%，每100克果肉含维生素C 243.9毫克，软熟后可溶性固形物17.9%。树势旺，抗逆性较强，耐贮性强（图2-9）。

农大郁香

来源：西北农林科技大学从徐冠实生后代中选育出的大果优系

花期：4月下旬

果实成熟期：10月初（陕西关中地区）

果肉颜色：淡绿色

品种特性：果实长圆柱形，平均单果重110克。果皮浅褐色，果面被粗糙茸毛。果心小，肉质细，多汁，采摘期含总糖11.2%，有机酸1.04%，每100克果肉含维生素C 252毫克，软熟后可溶性固形物18.8%，耐贮性强。树势旺，抗逆性较强（图2-10）。

图2-10　农大郁香

米良1号

图2-11　米良1号

来源：湖南吉首大学选育

花期：5月中旬

果实成熟期：10月上旬

果肉颜色：黄绿色

品种特性：果实长圆柱形，顶端直径略大于蒂端，略扁，柱头基部喙长而明显，即具有“扁喙”的特点。果皮棕褐色，密被黄褐色硬毛。平均单果重95克，最大162克。果肉汁液较多，酸甜适度，有芳香。果实含总糖7.4%，有机酸1.25%，每100克果肉含维生素C188 ~ 207毫克，软熟后含可溶性固形物13% ~ 16.5%。货架期较长，较耐贮藏（图2-11）。

金魁

来源：湖北省农业科学院果树茶叶研究所选育

花期：5月上旬

果实成熟期：10月上中旬

果肉颜色：翠绿色

品种特性：果实阔椭圆形，果面棕褐色，密被棕褐色茸毛，果侧面有棱。平均单果重103克，最大172克。果肉含总糖13.24%，有机酸1.64%，每100克果肉含维生素C 120～243毫克，软熟后可溶性固形物18.5%～21.5%。风味酸甜多汁，具清香。货架期长（图2-12）。

图2-12　金　魁

贵长

来源：贵州省农业科学院果树科学研究所选育

花期：5月上旬

果实成熟期：9月下旬至10月上旬

果肉颜色：绿色

品种特性：果实长圆柱形，果皮褐色，被灰褐色较长的糙毛。平均单果重85克，最大120克，果顶椭圆，微凸。果肉含有机酸1.50%，每100克果肉含维生素C 110毫克，软熟后可溶性固形物12%～16%。风味甜酸适度，多汁，具清香。是鲜食与加工兼用品种（图2-13）。

图2-13　贵　长

红阳

图2-14　红　阳

来源：四川省自然资源研究所和苍溪县农业局选育

花期：4月底至5月初

果实成熟期：9月中旬

果肉颜色：果肉黄绿色，果心周围呈放射状红色

品种特性：果实短圆柱形，果顶下凹，果皮绿褐色，光滑。单果重68.8 ～ 87克。果汁多，香甜味浓。含总糖13.45%，总酸0.49%，每100克果肉含维生素C 135.8毫克，软熟后可溶性固形物16%（图2-14）。

脐红

图2-15　脐　红

来源：西北农林科技大学猕猴桃试验站等选育

花期：4月下旬

果实成熟期：9月下旬

果肉颜色：果肉为黄或黄绿色，果心周围鲜红色，呈放射状

品种特性：因其果顶凹陷处有一突起，形似人的“肚脐”而得名。果实近圆柱形，平均纵径5.83厘米，横径4.95厘米，平均单果重97.7克，最大126克。果个大于红阳，大小一致。果皮军绿色，果面光净。果肉质细多汁，风味香甜爽口。含可溶性固形物19.9%，总糖12.56%，总酸1.14%，每100克果肉含维生素C 188.1毫克。耐贮性强，树势强健，较抗溃疡病，丰产性好，品质优于晚红和红阳（图2-15）。

楚红

图2-16 楚 红

来源：湖南省农业科学院园艺研究所选育

花期：4月下旬

果实成熟期：9月上旬

果肉颜色：果肉绿色，子房红色，果心浅黄色，果实中轴周围呈艳丽的红色，横切面从外到内的色泽是绿色—红色—浅黄色，美观诱人

品种特性：果实长椭圆形或扁椭圆形。果实中等大，平均单果重80克，最大121克，果皮深绿色，果面被茸毛。含酸量为1.47%，固酸比11.2，软熟后含可溶性固形物16.5%。果肉细嫩，汁多，风味浓甜可口，香气浓郁。但其贮藏性一般，常温下贮藏7～10天开始软熟，15天左右开始衰败变质。生产上冷藏条件下可贮藏3个月以上（图2-16）。

晚红

图2-17 晚 红

来源：陕西省宝鸡市陈仓区桑果站等选育

花期：4月下旬

果实成熟期：10月上中旬

果肉颜色：果肉初采时绿色，软熟后为黄绿色，果心周围红色，呈放射状

品种特性：果实圆柱形或倒卵形，果顶突出或平。果皮绿褐色，被黄褐色稀软毛。平均单果重91克，最大132克。含总糖12.05%，总酸1.19%，每100克果肉含维生素C 97.2毫克，软熟后可溶性固形物16.44%（图2-17）。

黄金果（Hort16A）

来源：新西兰园艺研究所选育

花期：4月中下旬

果实成熟期：10月上中旬

果肉颜色：金黄色

品种特性：果实倒圆锥形，整齐美观，果皮绿褐色，细嫩，易受伤。单果重80～140克。果肉质细汁多，味甜，香气浓。每100克果肉含维生素C 120～150毫克，软熟后可溶性固形物15%～17%。贮藏期较长，货架期3～10天（图2-18）。

图2-18　黄金果

农大金猕

来源：西北农林科技大学猕猴桃试验站杂交选育

花期：4月中下旬

果实成熟期：9月上旬

果肉颜色：黄色

品种特性：果实近圆柱形，果皮褐绿色，被稀疏短茸毛，平均单果重82.1克。肉质细嫩多汁，风味香甜爽口，每100克果肉含维生素C 204毫克，总糖14.2%，总酸1.42%，可溶性固形物20.2%（图2-19）。

图2-19　农大金猕

华优

来源：陕西省农村科技开发中心等选育

花期：4月下旬至5月上旬

果实成熟期：9月中下旬

果肉颜色：黄色或黄绿色

品种特性：果实椭圆形，果面棕褐色或绿褐色，茸毛稀少，易脱落，果皮厚，难剥离。纵径6.5～7厘米，横径5.5～6厘米，单果重80～110克，最大150克。果肉质细汁多，香气浓郁，风味香甜，爽口。含总糖1.83%，总酸0.95%，每100克果肉含维生素C 150.6毫克，软熟后含可溶性固形物18%～19%。室内常温下，后熟期15～20天，货架期30天左右（图2-20）。

图2-20 华 优

桂海4号

来源：中国科学院广西植物研究所选育

花期：5月上旬

果实成熟期：9月中下旬

果肉颜色：黄色或绿黄色

品种特性：果实椭圆形，果皮黄绿色。平均单果重74克，最大116克。肉细汁多，味酸甜，香浓。含总糖9.3%，有机酸1.4%，每100克果肉含维生素C 53～58毫克，软熟后含可溶性固形物15%～19%(图2-21)。

图2-21 桂海4号

金桃

来源：中国科学院武汉植物园选育

花期：4月中下旬

果实成熟期：9月下旬

果肉颜色：金黄色

品种特性：果实长圆柱形，果皮黄褐色，表面光洁无毛，果顶稍凸，外形美观。纵径6.3 ~ 7.5厘米，横径3.7 ~ 4.2厘米，果个大小均匀，平均单果重82克，最大120克。肉质细嫩而略脆，汁液多，风味酸甜适中，有清香。含有机酸1.69%，每100克果肉含维生素C 121 ~ 197毫克，软熟后含可溶性固形物18% ~ 21.5%。较耐贮，室内常温下可贮放40天左右，冷藏条件下可贮藏4个月以上（图2-22）。

图2-22　金　桃

金艳

来源：中国科学院武汉植物园选育

花期：4月底至5月上旬

果实成熟期：10月底至11月上旬

果肉颜色：金黄色

品种特性：果实长圆柱形，果大均匀，外形美观，果肉金黄，细嫩多汁，味香甜。含总糖8.55%，总酸0.86%，每100克果肉含维生素C 105.5毫克，软熟后含可溶性固形物14.2% ~ 18.9%（图2-23）。

图2-23　金　艳

翠玉

来源：湖南省农业科学院园艺研究所选育

花期：4月底至5月初

果实成熟期：10月上旬

果肉颜色：绿色

品种特性：果实卵圆形，果喙突起，果皮绿褐色。平均单果重82克，最大129克。肉质细密，细嫩多汁，风味浓甜；含可溶性固形物14.5%～17.3%，每100克果肉含维生素C 93～143毫克。长势较强，成形快，结果早，丰产稳产，抗逆性强（图2-24）。

图2-24 翠 玉

金丰

来源：江西省农业科学院园艺研究所选育

花期：4月下旬

果实成熟期：10月上旬

果肉颜色：黄色

品种特性：果实椭圆形，果皮黄褐色至深褐色，密被短茸毛。平均单果重94克，最大163克。肉质细密，多汁，风味甜酸；含可溶性固形物13%～16%，每100克果肉含维生素C 89～104毫克。果实较耐贮运。长势较强，成形快，结果早，丰产稳产，抗逆性强（图2-25）。

图2-25 金 丰

早鲜

来源：江西省农业科学院园艺研究所选育

花期：4月中下旬

果实成熟期：9月中下旬

果肉颜色：绿黄或黄色

品种特性：果实圆柱形，果皮绿褐色或灰褐色，密被茸毛。平均单果重85克，最大138克。肉质细密，多汁，风味甜酸。含可溶性固形物14% ~ 16%，每100克果肉含维生素C 73 ~ 98毫克。有采前落果现象。结果早，丰产稳产，抗逆性较强（图2-26）。

图2-26 早 鲜

魁蜜

来源：江西省农业科学院园艺研究所选育

花期：4月中下旬

果实成熟期：9月中下旬

果肉颜色：绿黄或黄色

品种特性：果实扁圆形，果皮黄褐色，密被茸毛。平均单果重98克，最大168克。肉质细密，多汁，风味甜酸。含可溶性固形物13.8% ~ 15.6%，每100克果肉含维生素C 120 ~ 140毫克。果实较耐贮。结果早，结果性强，抗逆性较强（图2-27）。

图2-27 魁 蜜

魁绿

来源：中国农业科学院特产研究所选育

花期：6月中旬

果实成熟期：9月初

果肉颜色：绿色

品种特性：果实卵圆形，果皮绿色，光滑。平均单果重18.1克，最大32克。肉质细且多汁，风味酸甜。含总糖8.8%，有机酸1.5%，每100克果肉含维生素C 430毫克。总氨基酸209.3毫克，软熟后含可溶性固形物15%，生长势旺盛，萌芽率57.6%，结果枝蔓率49.2%，坐果率95.0%。以中短果枝结果为主。在绝对低温－38℃地区栽培多年无冻害。在寒带地区栽植可鲜食加工两用（图2-28）。

图2-28　魁　绿

华特

来源：浙江省农业科学院园艺研究所由野生毛花猕猴桃经实生选育

花期：5月上中旬

果实成熟期：11月上中旬

果肉颜色：绿色

品种特性：平均单果重94.37克，最大132.2 克。果实长圆形，果面密布白色长茸毛，剥皮易。含可溶性固形物14.7%，可滴定酸1.24%，每100克果肉含维生素C 628.37 毫克，酸甜可口，风味浓郁。植株长势强，适应性广，抗逆性强，耐高温、耐涝、耐旱和耐酸耐碱的能力均比中华猕猴桃强。结果性能好，丰产稳产。可在树上软熟后直接食用。可食期长，贮藏性好，常温下贮放1个月，冷藏可达3个月以上（图2-29）。

图2-29　华　特

四、授粉品种介绍及搭配

1. 授粉品种介绍

（1）美味猕猴桃主要的雄性授粉品种

①秦雄401　周至猕猴桃试验站选出的秦美授粉雄株，花期较早、长，花量大，树势较旺。可作为早、中期开花雌株的授粉品种。

②马图阿（Matua）　新西兰选育，花期中等，持续15～20天，花量大，每个花序多为3朵花。但树势较弱。可作为中等花期雌株的授粉品种（图2-30）。

图2-30　马图阿开花状

③陶木里（Tomuri）　新西兰选育，花期较晚，花量大，每个花序多为3～5朵花，花期5～10天，可作为晚花型雌株的授粉品种（图2-31）。

④湘峰83-06　花期晚，花粉量大，花期9～12天，可作为晚花型雌株的授粉品种。

⑤郑雄3号　中国农业科学院郑州果树研究所等单位育成。花期较晚，花期长，花粉量大，可作为晚花型雌株的授粉品种。

图2-31　陶木里开花状

（2）中华猕猴桃主要的雄性授粉品种

①磨山4号　每个花序有5朵花，最多达8朵，以短花枝蔓为主。花期早，花量大（5年生每株约有5 000朵花），花粉量大（每朵花约有300万粒花粉），花期20天，可作为早、中、晚期开花雌株的授粉品种。被认为是目前国内选出的最好的雄性品系。

②郑雄1号　每花序有3朵花，最多达6朵，以中长花枝蔓为主。花期早，花量大，花粉量大，花期10 ～ 12天，在郑州4月下旬至5月上旬开花。可作为早、中期开花雌株的授粉品种。但在北方地区易产生缺素症，需注意增施钾、镁、锰肥。

2. 授粉品种的搭配

猕猴桃为雌雄异株植物，建园时要同时栽植雌株品种和配套授粉雄株，雌雄树比例搭配合理，才能保证正常授粉结果，充分授粉后结的果实，种子多、果个大、品质优。当前猕猴桃生产中雌雄株配置比例以（5 ～ 8）：1居多（图2-32）。

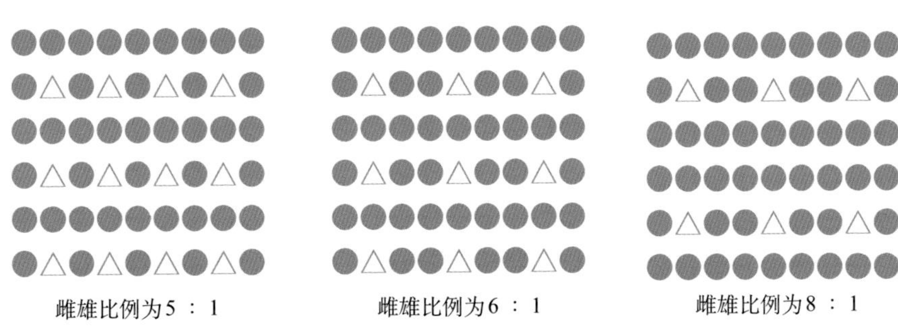

图2-32　猕猴桃不同雌雄配比定植示意
（●表示雌株　△表示雄株）

雄性授粉品种的具体要求：①与雌性品种亲和性好；②与雌性品种花期一致，即花期相遇；③开花期要长，雌株的花期结束，雄株还有二次花；④花粉量大，花粉活力强。

温馨提示

猕猴桃属于风媒花和虫媒花，花期无风的年份主要靠蜂类来传粉。但是由于猕猴桃雌雄花的蜜腺不发达，对蜂类的吸引力比有蜜腺的树种差。果园附近最好不要种植花期与猕猴桃相同的植物，避免与猕猴桃的竞争而减少蜂类传粉概率。

五、定植及管理

定植及管理

1.定植前准备 定植前准备工作包括土地整理、改良，道路、灌排设施建设等。各地可根据自身的地形条件，在苗木定植之前开展土地整理工作，进行土地平整、修筑梯田、规划道路，以便于果园后期的管理。同时对土壤进行改良。对黏性土通过掺入河沙或沙砾土等透水性强的土壤进行客土改良，同时施入有机肥，而沙性土通过增施有机质、黏性较重的腐殖质土，增加土壤保水保肥能力。土壤改良可采用全园深翻或抽槽进行（图2-33）。在地下水位偏高、土壤黏重及多雨的南方地区，做好果园排水工作，可采用明沟和暗沟两种方式。暗沟排水是在地下埋设塑管或混凝土管等，形成地下排水系统，不占园地，便于果园作业。明沟则是沿树行起垄，行间形成垄沟，在排水方便而雨量较少的北方，垄沟深度25 ～ 30厘米即可，而在排水不便和雨量较多的南方，垄沟深度应在40厘米以上，如上海地区，垄沟深在60厘米以上。山地果园主要按等高撩壕或在梯田内侧设排水沟。

图2-33 抽槽改土

2. 定植时间 猕猴桃在落叶后萌芽前都可栽植，一般可分为秋栽和春栽。

（1）秋栽 从落叶起到土壤封冻前都可进行。这时苗木正在进入或已经进入休眠状态，体内贮藏的养分较多，蒸腾量很小，根系在地下恢复的时间较长，来年苗木生长较旺盛。秋栽应注意防止根系受冻害。

（2）春栽 在来年土壤解冻后直到芽萌动前进行。春栽有利于苗木免受冬季寒流冻害的威胁，减少苗木损失，但根系恢复时间较短。北方寒冷地区以春栽为好。

3. 栽植密度 应根据品种、架型和园地条件等来确定。对于长势弱、树体小、土壤地质条件差的，株行距可小一些；对于长势强，土壤地质条件好的，株行距可大一些。山地果园由于光照通风条件较好，密度可适当大一些。一般T形架或小棚架，株行距可采用（2.5～3）米×（3～4）米，水平大棚架可采用（3～4）米×（3～4）米。对于有明沟排水的果园也可采用宽窄行栽植。

4. 定植苗木准备 栽植的苗应选高质量的大苗、一级苗（图2-34）。一级成品苗必须具备以下条件：品种砧木纯正，侧根数量4条以上，侧根长度20厘米以上、基部粗度0.5厘米以上，均匀分布，舒展而不卷曲；苗木高度达到60厘米，木质化程度良好，具有5个饱满芽，嫁接口结合部愈合情况良好，茎干粗度0.8厘米；根皮与茎皮无干缩皱皮、无新损伤，老损伤处总面积不超过1.0厘米^2，无根结线虫、介壳虫、根腐病和疫霉病。栽植前应检查苗木的根系，要剪去受伤较重的部分，以利于根系伤口的愈合。

图2-34 高质量苗木

根系有瘤状根结的为携带根结线虫的苗，不能用。

5.栽植　在土壤改良的基础上，按照株行距确定定植点，再根据苗木根系大小，挖30～40厘米^{3}的定植穴，在穴内做圆锥土台，顶部低于地表5厘米，剪去受伤、劈裂根系，将苗垂直放入定植穴内（图2-35），理顺根系，不要弯曲，要把嫁接口朝向迎风面以免风吹劈裂，苗木前后左右对齐，用表土或混合土填入，覆盖至根部，将幼树向上轻提，使根系舒展，边埋土边踩踏夯实。苗木栽植深度以土壤下沉后根颈部与地面相平或略高于地面，待定植穴内土壤下沉后大致与地面持平为好。加少许土做成树盘，并及时灌透水。灌后土壤下陷，要及时培土，待墒情适宜后，进行松土保墒或树盘覆盖。不要将嫁接部位埋入土中。栽植过深不利于苗木生长。在地下水位较高的地区可用高垄栽培（图2-36）。

图2-35　定植方法

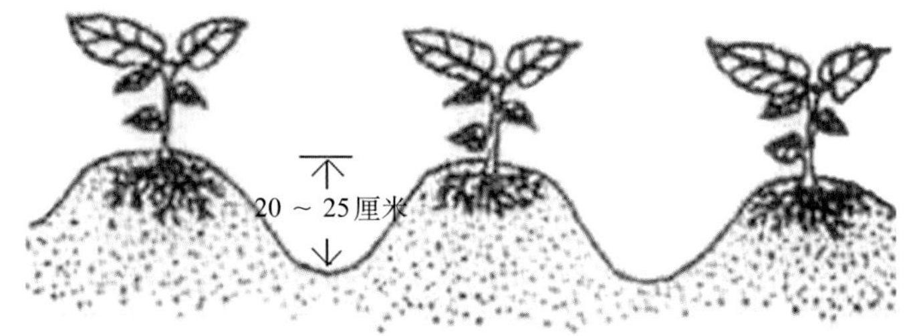

图2-36　高垄栽培

6. 定植后管理

(1) 灌水　栽好幼苗，首先要浇足水。应根据降水及土壤墒情及时灌水，确保苗木成活。

(2) 树盘覆盖（图2-37）　为了减少树盘的水分蒸发，可以用薄膜或秸秆等覆盖树盘，秸秆覆盖15 ~ 20厘米厚，以保持土壤湿润，控制杂草，促进新根生长。

图2-37　秸秆（左）或薄膜（右）等覆盖树盘

(3) 插竿引蔓（图2-38）　春季萌芽幼苗长到20厘米时，在靠近苗木处插一根竹竿，将刚发出的嫩枝绑在竹竿上，防止风折。其后，随着枝蔓向上生长，每隔20 ~ 30厘米绑蔓1次，牵引植株向上生长。

图2-38　插竿引蔓

(4) 遮阴保苗　对于北方夏季高温干旱地区，遮阴是第一年苗木管理的重点之一（图2-39）。4月底至5月初在幼苗两边距苗50 ~ 80厘米处各点种1行玉米，株距50厘米，为幼苗创造适宜的光照、湿度条件，以利于苗木正常生长。

(5) 及时施肥　第一年在幼苗长到50厘米以上时进行，每亩

图2-39　遮　阴

施2.5 ~ 5千克尿素，同时浇水，不能干施。也可结合浇水每亩浇灌50 ~ 100千克腐熟人粪尿或沼液。幼苗施肥应采取少施多次的方式，以防烧根烧苗现象发生。

（6）*控制杂草*　对果园杂草应进行及时刈割控制。不要喷除草剂。

六、架材及架型

猕猴桃为藤本植物，本身不能直立生长，需要支架支撑来维持良好的生长结果状态。目前猕猴桃生产中常用的架材有水泥杆、木材、钢管等，与钢绞线结合搭成各种架型。猕猴桃常用的架型有T形架、大棚架、小棚架、篱架、简易三脚架等。

架材及架型

1.T形架（图2-40）

（1）*架设方法*　T形架是在立柱上架设一个横梁，形成T形的支架。立柱埋入地下0.7米，地面以上留1.8米。横梁与猕猴桃行向垂直架设，

图2-40　T形架

上顺行架设5道14号镀锌铅丝，中间1道架设在立柱顶端，铅丝间距0.5米。每行末端在立柱外顺行延长2米处埋设1个地锚拉线，地锚埋置深度超过1米。边行和每行两端的立柱直径加大2～3厘米，钢筋增加2根，长度增加20厘米，埋置深度也增加20厘米，以增加支架的牢固性。或在行两端栽植加粗、加长的立柱来代替拉锚。沿树行每隔6米设置1个立柱。

立柱和横梁用混凝土烧筑。立柱一般长2.5米、横断面12厘米×12厘米，内有4根6号钢筋；横梁一般长1.5～2米、横断面15厘米×10厘米，内有4根6号钢筋（图2-41）。地锚可以选用钢筋混凝土制作的水泥墩，长、宽、高分别不小于50厘米、40厘米、30厘米。

（2）特点　T形架的特点是架材投资少，搭架容易；便于田间操作；通风透光性好，蜜蜂传粉容易；但抗风能力相对较弱，果实品质均一性差，上部果实品质比下部果实好。

（3）适用范围　T形架适合不规则地块、梯田和高低不平的地块。

图2-41　立柱（左）与横梁（右）

2. 大棚架（图2-42、图2-43）

（1）架设方法　大棚架所用立柱的规格、地锚拉线及栽植距离同T形架，用较长的水泥横梁、方钢、扁铁条或钢绞线等将立柱连接在一起，再在其上每隔50～60厘米顺行架设1条14号镀锌铅丝，呈网络状。同时在纵横两端立柱（或行两端立柱）外2米处埋设地锚拉线，埋置规格及深度同T形架。

图2-42　大棚架（横梁为钢绞线）

图2-43　大棚架（横梁为方钢）

（2）特点　大棚架架面平整，采光均匀一致，果个大小一致性好，产量高，品质好；结构牢固，抗风能力强；满架后夏天架下作业阴凉，杂草少，行株间穿行方便，但是比T形架投资大。

（3）适用范围　大棚架适合平地、缓坡地果园。

第 3 章
土肥水管理技术

一、土壤管理

猕猴桃根系从土壤吸收水分和矿质元素，通过叶片光合作用合成营养物质，完成猕猴桃的生长发育。土壤养分状况等决定着猕猴桃树体的生长发育和果实品质的好坏。加强土壤管理，培肥地力，是实现优质、丰产的保证。

土壤管理

温馨提示

猕猴桃优质栽培园的土壤要满足以下要求：①土层要深厚。土层深厚才能满足根系的扩展，使其形成强大的吸收网络，吸收土壤深层的水分和营养元素，扩大营养吸收空间，提高肥料的利用率。同时深厚土层的温度变化小，可使根系免遭冬季低温或夏季高温危害。②土壤的透气性要好。透气性良好，氧气含量适当，水分供应充足，根系才能正常呼吸、良好生长，地上部才能生长发育良好。③有机质含量要高。土壤有机质含量应在5%～7%。我国大多数猕猴桃产区土壤有机质的平均含量为1.0%～1.5%，每年施入的有机质不少于300千克/亩，才能满足猕猴桃生长需求。

1. 土壤改良 透气性良好的土壤有利于根系生长。土壤太黏重，会因为透气性差而造成根部腐烂；若土壤全为沙土，则会由于土壤养分的淋失造成土壤营养缺乏。改良土壤的目的是促进土壤团粒结构的形成，增加土壤透气性和保水保肥能力。

土壤改良可结合土壤深翻进行。通过黏土地掺沙，沙土地掺黏，增施有机肥，调节土壤pH，为猕猴桃生长创造良好的土壤条件。

猕猴桃果园土壤的深翻最好在苗木定植前进行。建园后的深翻一般在果实采收后结合秋施基肥（10～11月）进行。此时地温较高，猕猴桃根系也处于生长高峰期，伤根容易愈合并可产生大量新根，有利于树体贮藏养分的积累，为来年生长、结果打下良好基础。

深翻的深度以60～80厘米为宜，土壤黏重可稍深，沙壤土可稍浅。一般可采用3种方法深翻。一是深翻扩穴，在幼树栽植后，从定植穴向外深翻扩穴；二是隔行深翻，分2年完成，只伤一侧的根系，对猕猴桃生长影响小（图3-1）；三是全园深翻，即对定植穴以外进行全面深翻。也可结合施基肥于第一年在定植穴外挖环状沟，宽、深度各50～60厘米，尽量不要损伤根系，将优质有机肥与表土混合后施入沟内，再回填底层的生土，第二年接续上年深翻的外沿继续深翻，这样逐年向外扩展直至全园深翻一遍。其后不再深翻，采取土壤免耕技术。

图3-1　苗木定植后结合土壤深翻进行土壤改良

温馨提示

如果土壤耕层下部有机械耕作碾轧的硬土层，深翻时要注意打破硬土层。猕猴桃根系较浅，深翻会切断大量根系，要避免损伤较粗的根。

2. 中耕除草　中耕除草可以疏松表土，减少水分蒸发和养分消耗。降雨及灌溉后中耕能保墒，防止土壤板结，深度以5～10厘米为宜。

温馨提示

在猕猴桃生长季节为了防止果园夏季高温危害，一般进入6月以后不建议进行中耕除草。

3. 间作套种　进行果园间作套种，有利于经济利用土地，提高果园覆盖率，降低夏季田间温度，增加果园收入。间作作物应选择植株矮小、生育期短、根系浅、吸收养分少、病虫害少、能提高果园土壤肥力、不影响猕猴桃生长的作物。可选用豆科作物、瓜类蔬菜、绿肥作物、药用植物等（图3-2），严禁套种绿化苗等深根性作物。要加强对间作作物的管理，在猕猴桃需肥需水高峰期，及时追肥浇水，减少与猕猴桃对肥水的竞争。

图3-2　猕猴桃间作套种魔芋

4. **果园生草**（图3-3）　传统果园地面管理以清耕为主，能有效控制杂草危害，但由于行间地面裸露，会造成土壤侵蚀、水土流失、土壤有机质及各种养分含量降低、生物多样性丧失，从而使产量下降，果品品质变劣。果园生草的土壤管理模式是猕猴桃土壤管理的一项主要技术。

（1）优点　猕猴桃果园生草具有以下优点：

①增加土壤有机质含量 。实施果园生草后，绿肥作物含有大量丰富的有机质，翻压后能改善土壤理化性状，提高土壤肥力。据试验测定，在有机质含量为 0.5% ~ 0.7%的果园，连续5年种植毛苕子或白花三叶草，土壤有机质含量可以提高到2.0%。

②保持果园土壤墒情，减少灌溉次数 。果园生草可减少猕猴桃行间

图3-3　果园生草

土壤水分的蒸发，调节降雨时地表水的供应平衡，生长旺盛时刈割覆盖树盘，保墒效果更佳。据试验，在果园生草的条件下，土壤水分损失仅为清耕处理的1/3，果园生草5年后，土壤水分平均比清耕处理多70%。生草果园比清耕果园每年至少减少灌溉次数3 ～ 4次。

③延长根系活动时间。猕猴桃果园生草，春天能够提高地温，促使根系比清耕园提早进入生长期15 ～ 20天；炎热的夏季能降低地表温度，保证猕猴桃根系旺盛生长；进入晚秋后，能够提高地温，延长根系活动1个月左右，对增加树体养分，充实花芽有良好的效果。冬季草被覆盖在地表，可以减小冻土层的厚度，提高地温，减轻和预防根系的冻害。猕猴桃根系一般分布较浅，清耕果园土壤耕作较为频繁，对猕猴桃根系破坏较大，而生草果园一般采用免耕法，对猕猴桃根系生长较为有利。

④改善果园小气候。果园生草有利于改善土壤理化性状，土壤中的水、肥、气、热表现协调，可提高果园空气湿度。此外，夏季高温时生草果园架下气温低，有利于猕猴桃生长发育，减少猕猴桃日灼的发生。

⑤疏松果园土壤，提高土壤供肥能力。与清耕果园比较，生草果园土壤物理性状好，土壤疏松透气良好、透水性好，土壤结构稳定，水土不易流失，有利于蚯蚓繁殖，促进土壤水稳性团粒结构的形成。此外，根际环境较好，土壤中微生物的活动被激活，促进了矿物质转化，所以，生草果园土壤中一些果树必需营养元素的有效性得到提高，黄叶病、小叶病、缩果病等缺素症发病轻。豆科植物产生的根瘤具有生物固氮作用，可提高土壤肥力。

⑥病虫害发生轻。果园生草增加了植被多样化，为天敌提供了丰富的食物、良好的栖息场所，天敌发生量大，维持了果园的生态平衡，从而减少了农药的投入及农药对环境和果实的污染。同时，果园生草形成了物理屏障，阻挡了病原菌传播，且增加地下部根系分泌物的多样性，对病原菌进行化感抑制，降低病原菌的存活与侵染。如猕猴桃黄化病、褐斑病等病虫害发病较轻。

⑦提高果实品质和产量。在猕猴桃果园生草栽培中，树体营养得到改善，生草后花芽质量比清耕果园明显提高，单果重和商品果率增加，可溶性固形物和维生素C含量明显提高，贮藏性增强，货架期延长，贮藏过程中病害减轻。

（2）缺点　杂草会与果树争水争肥，如果全园生草则会削弱树势，使产量下降；在表层土壤中固相占比较高、气相占比较低、容重增加。

但总体讲利大于弊，符合当代所倡导的生态农业和可持续发展战略，是一种优良的果园土壤管理模式。

（3）生草种类的选择

草种要求：①草的高度较低矮、产草量较大、覆盖率高。②具有一定的固氮能力。③草的根系应以浅根系须根为主，没有粗大的主根，或有主根而在土壤中分布不深。④没有与果树共同的病虫害，能栖宿果树害虫天敌。⑤地面覆盖的时间长而旺盛生长的时间短。⑥耐阴耐践踏，繁殖简单，管理省工，便于机械作业。

果园中采用的生草种类有毛苕子、白花三叶草、箭筈豌豆、野牛草、羊草、结缕草、猫尾草、草木樨、紫花苜蓿、百脉根、黑麦草等。通常猕猴桃果园人工生草多选择豆科的白花三叶草与毛苕子等。

（4）生草方法　猕猴桃栽植后的前2年，行间可种植豆类等低秆作物，从第三年起行间可种植三叶草等，实行生草制栽培。实行生草制时应给植株留出2米宽的营养带，保持覆草或清耕。施肥时在营养带内撒施农家肥、化肥，生草带上撒施化肥。

主要采用直播生草法，即在果园行间直播草种子。土地平坦、土壤墒情好的果园，适合用直播法。直播分为秋播和春播，春播在3月下旬至5月上旬播种，秋播在9月播种。直播法的技术要求为：进行较细致的整地，然后灌水，墒情适宜时播种。可采用沟播或撒播，沟播先开沟，播种覆土；撒播先播种，然后均匀在种子上面撒一层干土，出苗后及时去除杂草。

也可采用苗床集中先育苗后移栽的方法。采用穴栽方法，每穴3～5株，穴距15～40厘米，豆科草穴距可大些，禾本科草穴距可小些，栽后及时灌水。

温馨提示

果园生草通常采用行间生草，果树行间的生草带宽度应依果树株行距和树龄而定，幼龄果园行距大生草带可宽些，成龄果园行距小生草带可窄些。

（5）果园种植白花三叶草（图3-4）　白花三叶草为豆科多年生植物，耐热耐寒，根系分布在20厘米深的土层内，匍匐生长，能节节生根并长出新的匍匐茎。但苗期生长迟缓，幼苗抗旱性差，一旦度过苗期，具有很强的竞争力。耐阴性好，能在30%透光率的环境下生长，适合在果园种植。其根瘤具有生物固氮作用。白花三叶草植株低矮，覆盖性好，对杂草控制力强，越冬时交织的茎叶形成一层厚被，不仅保护土壤免受风蚀、水蚀，还可拦截雨雪，蓄水保墒。上一年的茎叶在湿润的条件下逐渐腐解，释放出大量养分，又形成腐殖质，可改善土壤结构，活跃土壤微生物。

播种时间：播种的最佳时间为春秋两季，春播时出苗好，杂草竞争少，光照充足，7～8月时即可覆盖地面。秋播宜在8月中旬至9月中旬进行，出苗快，下年春季白花三叶草即可覆盖地面。但9月以后由于气温降低，出苗不齐，且冬季会有部分幼苗被冻死。

播种方法：宜采用条播，行距30厘米左右，播种量每亩0.50～0.75

图3-4　果园种植白花三叶草

千克，覆土厚度1厘米，春季可适当覆草保湿，提高出苗率。

苗期管理：一是如遇干旱要适当灌水补墒，最好用喷灌或用洒水壶洒水，不宜用大水漫灌；二是幼苗期白花三叶草的竞争力很弱，很容易受杂草的妨害而死亡，所以幼苗期一定要及时清除杂草，确保白花三叶草苗齐苗壮；三是追施少量氮肥，促进生长，可趁下雨时撒施尿素4 ～ 5千克/亩。

果园管理：果园行间种植白花三叶草后，前2 ～ 3年园中的施肥量要比清耕园增加20%左右。播种后当年因苗情弱小，一般不刈割，从第二年开始当白花三叶草长到30 ～ 35厘米时，刈割后覆盖在树盘内，留茬不低于10厘米，一年刈割3 ～ 4次。每年秋季施基肥时对扩展的白花三叶草进行控制，使行间生草范围保持在1.5米。5 ～ 6年后草逐渐老化，将整个草坪翻耕后清耕休闲1 ～ 2年再重新种植。

（6）果园种植毛苕子（图3-5）　毛苕子是豆科野豌豆属一年生草本植物，播种后子叶不出土，茎叶由胚芽发育而成。毛苕子出苗后10 ～ 15天根部形成根瘤，开始固氮，根瘤固氮作用强的时期为孕蕾期。毛苕子根系分布深，产草量大，疏松熟化土壤的效果明显。毛苕子根系和根瘤能给土

图3-5　果园种植毛苕子

壤遗留大量的有机质和氮肥，改土肥田，培肥地力，增产效果明显。

一般亩产鲜草1 000 ～ 2 500千克。毛苕子压青可使土壤有机质含量增加0.15%～ 0.40%，全氮含量增加0.012%～ 0.032%，全磷含量增加0.01%～ 0.03%，不仅当年增产效果明显，还对后作有持续增产的作用。单播每亩2 ～ 2.5千克。

秋季结合施农家肥时种植，第二年夏收后毛苕子自然死亡覆盖果园，种子落在地面，秋季温度降低后会继续发芽生长，一年种植多年有草。

（7）生草应注意的问题

①增施化肥。每年草生长季节，需要增施化肥，防止草与树体争肥。

②及时刈割。夏季当草长至20 ～ 30厘米高时要及时刈割，留茬不低于10厘米，割下来的草叶和茎覆盖在树盘内，并拔除行间的高秆草类。

③留出营养带。行间生草栽培时，要在树冠下留出1 ～ 2米宽的营养带保持覆草或清耕，保证树体根颈部的透气性。

施肥方面连续生草的果园随土壤肥力的提高可逐渐减少施肥。施肥可采取水肥一体化施肥技术。

5. 果园覆盖

(1) *果园覆盖优势* 果园覆盖能改善地表局部环境，减少地面水分蒸发，保持土壤墒情的相对稳定；提高冬季地温，降低夏季地温；有利于土壤微生物活动；覆盖的草或秸秆腐烂分解，能提高土壤有机质含量，增加土壤养分含量，有利于土壤的熟化、团粒结构的形成和疏松度的提高，保护根系分布层，抑制杂草生长。

(2) *果园覆盖方式* 猕猴桃园按覆盖方式可分为树盘覆盖、行带覆盖（图3-6）和全园覆盖（图3-7）等。按覆盖所选材料可分为作物秸秆覆盖（图3-8）、塑料膜覆盖（图3-9）和园艺地布覆盖（图3-10）等。

图3-6 行带覆盖

图3-7 全园覆盖

图3-8 作物秸秆覆盖

图3-9 塑料膜覆盖

图3-10 园艺地布覆盖

作物秸秆覆盖是将草或秸秆切成段或选用稻壳、稻糠、麦糠等均匀撒到树冠下，覆草厚度15～20厘米。覆草后压土，防止风刮。草腐烂后要及时补充。

温馨提示

作物秸秆覆盖时要注意防治地下鼠害，冬季注意防火，雨季及时开水路，利于排水。低洼地雨季不要覆草，防止引起涝害。注意防治病虫害，以免草层变成滋养病虫的场所。

塑料膜覆盖和园艺地布覆盖可以采用树行覆盖塑料膜或园艺地布，行间种草或留草的方法（图3-11），能够大大减少果园用工成本，提高机械作业程度。

图3-11 树下覆盖，行间生草

二、科学施肥

猕猴桃栽培施肥要科学、合理，尽可能以有限的肥料投入，获得最大的效益。猕猴桃正常生长需要的各种营养元素都是必需的，各自特殊的生理作用不能互相替代。猕猴桃生长发育至果实采收的过程，需要不断从固定区域的土壤中摄取所需养分，必须施肥及时补充。土壤中最缺乏的、相对含量最少的某种有效养分得不到有效补充，对其他种类的营养也有影响。

温馨提示

猕猴桃的施肥必须科学合理，才能获得最好的效益，切记并非施用量越多越好。

1. 施肥的原则 以有机肥为主，化学肥料为辅；以土壤施入为主，叶面喷施为辅，提倡进行营养诊断配方施肥。

2. 施肥量 主要根据猕猴桃对营养元素的吸收量、土壤中营养元素的天然供肥量和肥料的利用率来计算合理的施肥量，即营养平衡施肥法。

参考计算公式如下：

$$猕猴桃合理施肥量=\frac{猕猴桃吸收量-土壤天然供肥量}{肥料利用率}\times 100\%$$

其中，土壤天然供肥量用不施养分取得的产量所吸收的养分量来代替，一般氮的天然供给量约为吸收率的30%，磷和钾均为50%。化学肥料的利用率一般较高，氮、磷、钾的利用率分别为40%～60%、10%～25%、50%～60%。分别测出花、果、叶、枝蔓、根的干重和各元素的百分含量，求出猕猴桃营养元素的吸收量。

实际生产中确定施肥量还要考虑树龄、树势、产量、土质、肥源及经济条件等多种因素。表3-1给出了不同树龄猕猴桃园氮、磷、钾施用量，以供参考。

表3-1 不同树龄的猕猴桃园参考施肥量（千克/亩）

树 龄	年产量	年施用优质农家肥总量	年施用化肥总量		
			氮（N）	磷（P_2O_5）	钾（K_2O）
一年生		1 500	4	2.8～3.2	3.3～3.6
二至三年生		2 000	8	5.6～6.4	6.4～7.2
四至五年生	1 000	3 000	12	8.4～9.6	9.6～10.8
六至七年生	1 500	4 000	16	11.2～12.8	12.8～14.4
八年以上	2 000	5 000	20	14～16	16～18

注：根据实际需要加入适量的铁、钙、镁等中微量元素。

3. 肥料的种类与特性

（1）有机肥　即农家肥，具有种类多，来源广，富含有机质、腐殖质及植物所需的各种大量元素和微量元素，为完全肥料。包含所有生物体，即动物、植物、微生物的代谢产物和残体及自然界的有机物。

有机肥以有机态存在，经过微生物发酵腐熟分解后才能被植物吸收，使用时要经过充分发酵腐熟。具有养分全、肥效长、见效慢的特点。施用有机肥可改良土壤，沙壤地可提升保水保肥性能，黏土地能提高通透性，增加团粒结构和腐殖质含量，提高土壤肥力；活化土壤营养，平衡养分供给；增加土壤活性物质；促进树体生长，改善果实品质。

有机肥主要有以下几类：

①人粪尿、畜禽粪肥。含肥量高，富含氮、磷、钾。堆积腐熟后掺土拌匀施用，分解慢，作基肥。

②沤肥。以作物秸秆、杂草、树叶等为原料，在30 ～ 65℃高温、高湿条件下，经粪肥中的微生物分解堆制发酵而成。秸秆为有机肥最重要的来源，主要成分为纤维素、半纤维素和木质素。一般含有较多的碳，碳氮比高，分解很慢。

③饼肥。即榨油后的油饼渣。有机物与氮、磷、钾含量高。碳氮比较小，容易分解，可以用作基肥和追肥，加水发酵腐熟后施用，一般每亩75 ～ 150千克，沟施或穴施，可明显提高果实的含糖量。

④泥炭和腐殖酸。泥炭又名草炭、草煤、泥煤，是在长期积水和低温条件下，植物残体不完全发酵，进行有机炭化逐渐形成的煤黑色有机质。其有机质含量为40% ～ 70%，腐殖酸含量为20% ～ 40%，碳氮比

一般20左右。具有较强的吸水和吸氮能力，可吸附自身重量3 ~ 6倍的水分，吸氮量达0.5% ~ 4%。可作为肥料和土壤改良剂直接用于猕猴桃园。腐殖酸肥料是采用含腐殖酸的泥炭做原料，加入适量的氮、磷、钾等营养元素加工而成有机复合肥。常见的有腐殖酸铵、腐殖酸磷和腐殖酸钠等。不但可以向猕猴桃树体提供氮、磷、钾及微量元素，还可以促进光合作用，刺激生长，提高抗旱、抗寒能力。

⑤绿肥。即直接翻压或割下堆沤后作为肥料使用的鲜嫩作物。多用具有固氮作用的豆科作物，如紫云英、毛苕子、苜蓿等。绿肥可以培肥土壤，提供氮、磷、钾等养分，改善土壤结构，调节地表温湿度和生态结构。绿肥的碳氮比较小，翻压后分解较快。分解后形成大量腐殖质，有利于土壤团粒结构形成，提高保水保肥能力。还可以覆盖地表，减少雨水对地表的冲刷侵蚀，减少地面径流，避免水土流失。

⑥微生物肥料。也称菌肥，是由微生物、有机载体加基质组成。常见的有益微生物有固氮根瘤菌、磷细菌、钾细菌等，主要作用是固定空气中的氮素，活化土壤中的磷、钾等养分，提高根系吸收能力，促进树体生长发育，提高植株抗逆性。

⑦沼液。利用植物残体产生沼气后的残留物质，是很好的有机肥源。

主要有机肥的养分含量见表3-2。

表3–2　主要有机肥的养分含量（%）

种类	有机质	氮（N）	磷（P_2O_5）	钾（K_2O）
人粪尿	4.9	0.85	0.26	0.21
猪粪（鲜）	15.0	0.60	0.40	0.44
羊粪（鲜）	31.4	0.65	0.47	0.23
牛粪（鲜）	10.41	0.32	0.25	0.15
鸡粪（鲜）	16.51	1.63	1.54	0.85
厩肥	1.8～3.4	0.14～0.17	0.23～0.28	2.18～2.39
堆肥	10.92	0.22	0.22	1.93
饼肥	2～6	3.41～7.0	0.20	0.97～2.13
秸秆	–	0.84～1.31	0.12～0.34	0.50～2.28

(2) 化肥　化肥具有养分含量高，肥劲大，肥效快的特点。但成分单一，多为无机物，肥效短，长期使用容易造成土壤板结，果品质量下降。

①氮肥。铵态氮肥有氨水、碳酸氢铵和磷酸二铵等，易溶于水，肥效快，遇碱性物质如草木灰和石灰等易分解挥发。施入土壤不易被植物吸收，易被土壤黏粒与腐殖质吸附保存。硝态氮肥有硝酸钾等，易溶于水，肥效快。施入土壤易被植物吸收，不易被土壤黏粒吸附，易流失，施用后不要灌大水。酰胺态氮肥为有机态氮肥，需经土壤微生物转化为铵态氮后被植物吸收，肥效较长。常见氮肥有尿素［$CO(NH_2)_2$］、硝酸铵［NH_4NO_3］、硝酸钙［$Ca(NO)_3$］、硫酸铵［$(NH_4)_2SO_4$］、氯化铵(NH_4Cl)、碳酸氢铵（NH_4HCO_3）等。

②磷肥。分为水溶性、弱酸溶性和难溶性3类。水溶性磷肥如过磷酸钙等，施入土壤后，能溶于水，肥效较快；弱酸溶性磷肥如钙镁磷肥等，施入土壤后能被土壤微生物和作物根系分泌的酸逐渐分解出磷素而被根系吸收，肥效较慢；难溶性磷肥如磷矿粉等，施入土壤后溶解缓慢，后效极长。磷肥中的磷酸盐溶解到土壤水分中后，若未被吸收，极易转化成不易被根系直接利用的磷酸三钙或磷酸三镁而被土壤固定，移动性小，影响磷肥的有效性。磷肥作为基肥与有机肥配合使用，可以提高肥效。常见磷肥主要有过磷酸钙［$Ca(H_2PO_4)_2 \cdot H_2O$］、钙镁磷肥［$Ca_3(PO_4)_2$、$CaSiO_3$、$MgSiO_3$］、重过磷酸钙［$Ca(H_2PO_4)_2 \cdot H_2O$］、磷矿粉［$Ca_{10}(PO_4)_6F$］等。

③钾肥。速溶性肥料，一般作基肥。常用的种类有硫酸钾(K_2SO_4)、氯化钾（KCl）等。

④复合肥。含有两种或两种以上营养元素的化肥。复合肥运输使用方便，但所含养分比例固定，施用时要根据猕猴桃的实际需要加施单元素肥料。作基肥时最好与有机肥混合施用。常见种类有磷酸二氢钾(KH_2PO_4)、磷酸二铵［$(NH_4)_2HPO_4$］、氮磷钾复合肥等。

⑤微肥。即微量元素肥料。土壤中的微量元素总量可供植物长期利用，但由于受土壤条件影响，容易转化为植物不能吸收利用的状态，若不及时补充，会出现各种缺素症。微量元素主要通过增施有机肥来补充，也可以施用微量元素肥料来补充。主要微量元素肥料的成分和性质见表3-3。

表3–3　主要微量元素肥料的成分和性质

微肥种类	名称	主要成分	含量（%）	水溶性	使用方法	喷雾浓度（%）
铁肥	硫酸亚铁	$FeSO_4 \cdot H_2O$	19～20	易溶	喷雾、土施	0.3
硼肥	硼砂	$Na_3B_4O_7 \cdot H_2O$	11	40℃水溶	土施	–
	硼酸	H_3BO_3	17	易溶	喷雾、土施	0.2～0.4
锌肥	硫酸锌	$ZnSO_4 \cdot H_2O$	35～40	易溶	喷雾、土施	0.3
锰肥	硫酸锰	$MnSO_4 \cdot H_2O$	24～28	易溶	喷雾、土施	0.2
镁肥	硫酸镁	$MgSO_4 \cdot H_2O$	–	易溶	喷雾、土施	0.2

4.施肥时期与方法　根据猕猴桃的需肥特点，一般猕猴桃园每年建议施肥3～4次。

（1）基肥

①施肥时间。以秋季采果后施有机肥等为好，宜早不宜晚。一般在10月中旬至11月中旬。此时地温仍然较高，根系生长旺盛，施后当年易分解吸收，有利于生长。

②基肥的种类。以农家肥为主，配合适量的化肥。施肥量应占全年总施肥量的60%以上。包括全部的有机肥，50%～60%的氮、磷、钾肥，同时可混入适量的微肥，以利其吸收利用。

图3-12　幼树施基肥

③施肥方法。秋季幼树施基肥（图3-12）可结合土壤深翻进行。从定植穴或定植槽的外缘向外开挖宽、深各40～50厘米的沟，以不损伤较大根系为宜。将表层的熟土与下层的生土分开堆放，沟底可先填入20厘米左右厚的秸秆，后将农家肥、化肥与熟土混合均匀后填入，再填入生土。下一年从前一年深翻的边缘向外扩展开挖相同宽度和深度的

沟施肥，直至全园深翻改土一遍。以后每年施基肥时将农家肥和化肥混合，撒在土壤表面，全园浅翻深15～20厘米，里浅外深，以不伤根为度，将肥料翻埋入土中。

盛果期基肥的施用一般采用全园撒施，即将事先腐熟好的有机肥与化肥混合，均匀撒于地面，然后翻入土中，深度一般为15～20厘米（图3-13）。距树干近处浅些，距树干远处深一些。

图3-13　有机肥地面撒施、浅翻

（2）**追肥**　追肥常用速效肥，主要用于猕猴桃旺盛生长急需时补充肥力。追肥的次数和时期因气候、树龄、树势、土质等而异。一般幼树追肥次数宜少，结果树追肥次数可适当增多。壤土可每次多施些肥，但施肥次数适当减少，沙土每次少施肥，但施肥次数可适当增多。

①花前肥。花前追肥以氮肥为主，主要补充开花坐果对氮素的需要，促进花的发育和提升坐果质量。对弱树和结果多的大树应加大追肥量，如树势强健，基肥数量充足，花前肥也可推迟至花后。此次施肥应以速效化肥为主，氮、磷、钾和微量元素配合施肥。施肥量约占全年化学氮肥施用量的10%。花蕾期也可以采取喷施0.3%尿素＋0.2%硼酸＋600倍的磷酸二氢钾液，促进花蕾发育和开花。

②果实膨大肥。果实迅速膨大，新梢旺盛生长，花芽生理分化同时进行，需要大量养分，此期追肥可以提高光合效率，增加养分积累，促进果实膨大和花芽分化。根据不同品种，从5月下旬至6月中旬疏果后进行追肥。追肥种类以氮、磷、钾配合施用，减施氮肥，增施磷、钾肥。施肥量分别占全年化学氮肥、磷肥、钾肥施用量的30%。

③优果肥。果实成熟期转入营养积累阶段，果实内的淀粉含量开始下降，可溶性固形物含量升高。追肥种类以磷、钾肥为主。在果实成熟期前6～7周施用。施肥量分别占全年化学磷肥、钾肥施用量的10%。

此时追肥正处于果实第二次迅速生长、根系第三次生长和后期花芽生理分化的关键时期，可以增大果个，提高品质，增强果实的耐贮能力，促进新梢生长，提高树体越冬抗寒能力。

追肥的方式多种多样。可采用环状沟施、放射状沟施、条状沟施（图3-14）、施肥枪注射（图3-15）、肥水一体化等（图3-16）。

图3-14　条状沟施

图3-16　肥水一体化

图3-15　施肥枪注射

(3) 根外追肥　即叶面喷肥，简单易行、用肥量少、发挥作用快，且不受养分分配中心的影响。但由于施用量少，只能作为土壤施肥的补充。喷施浓度不能过高，一般为0.1%～0.3%，以免对叶片造成伤害。根外追肥应在晴朗无风或微风的天气进行，以上午9：00以前，下午4：00以后喷施。喷雾时叶片正反面均要喷到。猕猴桃常用叶面肥的种类和使用浓度参见表3-4。

表3-4　猕猴桃常用根外追肥种类及施用浓度

肥料名称	补充元素	施用浓度（%）	施用时期	施用次数
尿素	氮	0.3～0.5	花后至采收后	2～4
尿素	氮	2～5	落叶前1个月	1～2
磷酸二铵	氮、磷	0.2～0.3	花后至采收前1个月	1～2
磷酸二氢钾	磷、钾	0.2～0.6	花后至采收前1个月	2～4
过磷酸钙	磷	1～3（浸出液）	花后至采收前1个月	3～4
硫酸钾	钾	1	花后至采收前1个月	3～4
硝酸钾	钾	0.5～1	花后至采收前1个月	2～3
硫酸镁	镁	0.2～0.3	花后至采收前1个月	3～4
硝酸镁	镁、氮	0.5～0.7	花后至采收前1个月	2～3
硫酸亚铁	铁	0.5	花后至采收前1个月	2～3
螯合铁	铁	0.05～0.10	花后至采收前1个月	2～3
硼砂	硼	0.2～0.3	开花前期	1
硫酸锰	锰	0.2～0.3	花后	1
硫酸铜	铜	0.05	花后至6月底	1
硫酸锌	锌	0.05～0.1	展叶期	1
硝酸钙	钙	0.3～1	花后3～5周	1～5
硝酸钙	钙	1	采收前1个月	1～3
氯化钙	钙	0.3～0.5	花后3～5周	1～5
氯化钙	钙	0.5～1	采收前1个月	1～3
钼酸铵	钼、氮	0.2～0.3	花后	1～3

温馨提示

喷雾时肥料与农药和生长调节剂要合理科学混喷，一般酸性的与碱性的不能混用，中性的如尿素能与大多数混用，酸性的可以和酸性的、碱性的可以和碱性的混用。须随配随用，不能放置时间过长。

三、灌溉与排水

灌溉与排水

猕猴桃具有喜湿、怕旱、不耐涝的习性。其肉质根系分布浅，叶片大，蒸腾作用旺盛。夏季高温干旱会导致水分亏缺而出现叶片焦枯、翻卷、脱落和落果现象。涝灾积水后影响肉质根的呼吸，致使根系腐烂出现叶片黄化或脱落。所以在降水量不足或降水量充足但分布不均匀的地区，栽培猕猴桃必须保证灌溉与排水条件。有干热风发生的地区，还必须有叶面喷水条件。

干旱灌溉和涝灾排水是猕猴桃水分管理的两个主要方面。必须根据猕猴桃的需水特点和气候条件，适时适量地进行灌溉，发生涝灾及时排水，提供合适的水分条件促进猕猴桃的生长发育，为丰产丰收打下良好基础。

1. 果园灌溉

（1）需水时期　猕猴桃生长季节应保持果园土壤湿度为田间持水量的70%～80%，低于60%应及时灌水。一般萌芽期、开花前、谢花后均应灌一次小水，果实迅速膨大期可灌水2～3次，采收前15天左右应停止灌水，越冬前应灌一次透水。猕猴桃生长发育中水分需求期一般有以下7个阶段。

①萌芽前后。此期对土壤的含水量要求较高，最适含水量为田间持水量的75%～85%。土壤水分充足，萌芽整齐，枝叶生长旺盛，花器发育良好。南方一般春雨较多不必灌溉，但北方常多春旱，一般需要灌溉。

②开花前。花期一般控制灌水，以免降低地温，影响花的开放，所以花前应该灌一次水，保证土壤水分供应，使猕猴桃花正常开放。

③开花后。猕猴桃开花后细胞分裂和扩大旺盛，需要较多水分供应，但灌水不宜过多，以免引起新梢徒长。

④果实迅速膨大期。此期是猕猴桃需水的高峰期。猕猴桃果实生长旺盛，果实的体积和鲜重增加最快，充足的水分供应才能满足果实膨大对水分的需求。一般根据土壤湿度，在持续晴天的情况下，每周应灌水一次。

⑤果实缓慢生长期。需水相对较少，但由于气温仍然较高，需要根

据土壤湿度和天气状况适当灌水。

⑥果实成熟期。此期正值果实后期快速生长和生理成熟期，也是根系的第三次生长高峰期，适量灌水能适当增大果个，促进营养积累、转化，并有助于根系生长。但采收前15天左右应停止灌水。

⑦冬季休眠期。休眠期需水量较少，一般北方地区施基肥至封冻前应灌一次透水，有利于根系的营养物质合成转化及植株的安全越冬。

（2）**灌水量**　根据土壤特性、树龄、灌溉方法等因素来确定合理的灌水量。一般认为一次的灌水量以渗透到根系分布最多的土层，并保持田间持水量的75%～85%为最好，通常以灌透40厘米深土壤为宜。

①根据经验公式估算灌水量。可以根据灌溉前的土壤含水量、土壤容重、土壤浸润深度等估算出灌水量。计算公式如下：

灌水量（吨）=灌溉面积（米^2）×土壤浸润深度（米）×土壤容重（吨/米^3）×（田间持水量×85%－灌溉前土壤含水量）

例如：0.1公顷（即1 000米^2）的猕猴桃园，灌溉前土壤含水量14%，土壤容重1.6吨/米^3，田间持水量25%，灌溉后要求达到田间持水量的85%，土壤浸润深度0.4米。根据上述公式，灌水量=1000×0.4×1.6×(25%×85% － 14%)=46.4（吨）。

②根据经验墒情来判断田间最佳含水量。当土壤相对含水量低于50%时，猕猴桃就会停止生长，叶片萎蔫。当土壤含水量达到田间持水量的60%时，即灰墒时出现水分亏缺，必须灌水。否则，土壤水分继续减少，出现干墒，即可发生叶片萎蔫。1次灌水量以保持土壤相对含水量为田间持水量的75%～85%为宜，此时的经验最佳墒情为黄墒到褐墒之间，需要灌水的墒情为灰墒到黄墒之间，灰墒以下会发生旱灾（表3-5）。

表3-5　土壤各级墒情大致含水量

项目	干墒	灰墒	黄墒	褐墒	黑墒
手触感觉	无湿意	稍有湿意	有湿意，握手成团，松手即散	有湿迹，握手成团，松手不散	可挤出水
土壤相对含水量	50%以下	60%左右	70%～80%	80%～90%	90%以上

注：土壤相对含水量=田间绝对含水量/田间持水量×100%。

(3) *灌溉方法* 猕猴桃生产上常用的灌溉方式有地面灌溉、滴灌、喷灌等。其中滴灌和微喷灌是目前最好的灌溉方法。

①喷灌（图3-17）。分为高架喷灌、高微喷和低微喷。喷灌尤其适合高温干旱地区，具有省水、省地、省工等优点，能调节果园小气候，提高果园空气湿度，降低果园温度等。同时还可应用于果园霜冻的预防。

②滴灌（图3-18）。顺行在地面之上安装管道，管道上设置滴头，在总入水口处设有加压泵，在植株的周围安装适当数量的滴头，滴出后浸润土壤。滴灌只湿润根部附近的土壤，特别省水，用水量仅相当于喷灌的一半左右，适合各类地形的土壤。

图3-17 喷 灌

图3-18 滴 灌

2. 果园排水 猕猴桃喜水但怕涝，在高温季节，土壤含水量达到土壤最大持水量的90%以上并持续2 ～ 3天时，猕猴桃叶片开始变黄。在土壤水分达饱和状态下，3 ～ 4天后即可出现部分植株死亡。所以猕猴桃栽培中发生涝灾积水必须及时启动排水系统。

建园选择园址时，应避免在易积水的低洼地带建园，地下水位过高必须建好果园排水系统，开挖排水沟。排水沟有明沟和暗沟两种。

①明沟（图3-19）。由总排水沟、干沟和支沟组成。支沟宽约50厘米，沟深至根层下约20厘米。

图3-19 明 沟

干沟较支沟深约20厘米，总排水沟又较干沟深20厘米，沟底保持千分之一的比降*。明沟排水的优点是投资少，但占地多，易倒塌淤塞和滋生杂草，引起排水不畅，养护维修困难。

②暗沟（图3-20）。即在果园地下安设管道，将土壤中多余的水分由管道中排出，暗沟的系统与明沟相似，沟深与明沟相同或略深一些。暗沟可用砖或塑料管、瓦管做成，形成高12厘米、宽15 ～ 18厘米的管道，上面用土回填好。暗管排水的优点是不占地、不影响果园机械作业，排水效果好，可以排灌两用，养护负担轻。缺点成本高投资大，管道易被泥沙沉淀堵塞。

图3-20　暗　沟

温馨提示

在低洼的易涝地区建园，应沿树行给树盘培土，使之成为40 ～ 50厘米的高垄栽植，并沿地势开挖深50 ～ 60厘米的排水沟，果园积水不能超过24小时。

四、水肥一体化

水肥一体化技术是将灌溉与施肥融为一体，实现施肥与灌水同时完成的现代农业生产新技术。将水溶性肥料溶于水中，通过灌溉系统施入猕猴桃的根部土壤，既能满足猕猴桃对肥料的需求，又能满足对水分的需要。

水肥一体化

* 比降表示两点的高度差与这两点水平距离的比值。如高度差为1米，水平距离（沿流线）为1 000米，其比降为千分之一。

生产上常用的有微灌施肥水肥一体化技术和根际液体追肥技术两种。微灌施肥水肥一体化技术的自动化程度高，可以实现智慧管理，根据果园需求自动进行施肥和灌溉；根际液体追肥技术是简易型的水肥一体化技术，借助少量水来完成猕猴桃对肥料养分的需求，在干旱季节可能不能满足对水分的需求，优点是简易、投资小和适应性广，缺点是自动化程度不高，费工费时。

1．**微灌施肥水肥一体化技术** 借助压力系统（或地形自然落差），将可溶性固体或液体肥料按土壤养分含量和作物需肥规律和特点配成肥液，与灌溉水相融后，通过可控管道系统，均匀、准确地输送到猕猴桃的根部。利用微灌施肥水肥一体化技术，可按照作物生长需求，进行全生育期需求设计，将水分和养分定量、定时、按比例直接提供给作物，同时通过管道和滴头形成滴灌，使主要根系土壤始终保持疏松和适宜的含水量，具有显著的节水、节肥、省工的效果。

（1）*系统组成* 目前常用形式是滴灌、微喷与施肥结合。微灌施肥系统由水源、首部枢纽、输配水管网系统、滴水器4部分组成。

①水源。滴灌水源要求符合滴灌要求，无污染、无杂质、不阻塞管道等。

②首部枢纽。即整个系统操作控制中心。包括水泵、动力机、蓄水池、过滤器、肥液注入装置、测量控制仪表等。也可选用配肥自动化系统（图3-21）。

③输配水管网系统（图3-22）。该系统是将首部枢纽处理过的水按照要求输送、分配到每个灌水单元和灌溉水器。

④滴水器（图3-22）。即滴灌系统的核心部件。水由毛管流入滴头，

图3-21 配肥自动化系统

图3-22 输配水管网系统及滴水器

滴头再将灌溉水流在一定的工作压力下注入土壤。水通过滴水器，以一个恒定的低流量滴出或渗出以后，在土壤中向四周扩散。

（2）*实施方法*　底肥在整地前施入，追肥则按照不同作物生长期的需肥特性，确定其次数和数量。微灌施肥技术可使肥料利用率提高40%～50%，故微灌施肥的用肥量为常规施肥的1/2左右。

温馨提示

微灌施肥系统施用底肥与传统施肥相同，可包括多种有机肥和多种化肥。但微灌追肥的肥料品种必须是可溶性肥料，如符合国家标准或行业标准的尿素、碳酸氢铵、氯化铵、硫酸铵、硫酸钾、氯化钾等肥料，纯度较高，杂质较少，溶于水后不会产生沉淀。补充磷素一般以磷酸二氢钾等可溶性肥料作追肥。追施微肥，一般不能与追施磷肥同时进行，以免形成不溶性磷酸盐沉淀，堵塞滴头或喷头。

（3）*优点*　微灌施肥水肥一体化技术与传统地面灌溉技术相比，具有以下优点：

①省水、省肥料、省劳力。微灌水的利用率可达95%，比地面浇灌省水30%～50%。适时适量地将水和营养成分直接送到根部，提高了肥料利用率，节省肥料。管网灌溉施肥，操作方便，便于自动控制，可节省劳力。

②灌溉均匀，减少了病害的发生，便于作业管理。灌溉系统可有效地控制每个灌水器的出水流量，灌溉均匀度高，一般可达80%～90%；灌溉只湿润作物根区，其行间空地保持干燥，灌溉的同时可以进行其他农事活动；果园空气湿度较传统灌溉低，不利于一些病害的发生。

③可显著提高产量和品质。

（4）*缺点*

①易引起堵塞。灌水器的堵塞是应用中最突出的问题，严重时会使整个系统无法正常工作，甚至报废。因此，对灌溉水质要求较严，一般均应经过过滤，甚至沉淀和化学处理。

②可能引起盐分积累。

③可能限制根系的扩展。由于灌溉只湿润部分土壤，加之作物的

根系有向水性，这样就会引起作物根系集中向湿润区生长而限制根系扩展。

④发展受限。普通的微灌施肥虽然优势大，但因投资较大、对果园规模及水利设施要求严格、容易堵塞和老化，以及维护成本高等，大部分地区发展缓慢。

图3-23　根际液体追肥装置

2. 根际液体追肥技术　一种简易的水肥一体化技术，主要将果园喷药的机械装置（包括配药罐、三缸活塞泵打药机、三轮车、管子等）稍加改造，把原喷枪换成施肥枪（图3-23）。追肥时再将要施入的配方肥料溶解于水中，用打药机加压后用施肥枪注入果树根系集中分布层，加速养分的吸收利用，作物在吸收水分的同时吸收养分。

（1）*技术特点*　相比传统灌溉施肥具有以下特点：

①投资少。在原有打药设备的基础上，只需花几十元钱购买一把施肥枪即可，适合一家一户的家庭式生产。

②适应性广。每次追肥仅用少量的水，这就使许多干旱区域实现水肥一体化成为可能。

③设备维护简单。追肥完毕后可以将相关设备收入库房，如果发生堵塞可以及时发现处理。

（2）*施肥设备*　根际液体施肥技术需要的设备有水灌、加压泵、高压管、施肥枪等。

（3）*施肥方法*

①测土配肥。每年对果园土壤进行取样测定，根据土壤养分测定结果，结合猕猴桃不同时期需肥特点，制订具体施肥方案，按一定的比例进行配肥。

②采用二次稀释法稀释。先用小桶将配方肥溶解后加入贮肥罐进行充分搅拌。浓度一般不高于15%，高温季节不高于10%。

③安装好设备。将高压软管一边与加压泵连接，一边与施肥枪连

接，将带有过滤网的进水管、回水管以及带有搅拌头的另外一根出水管放入贮肥罐。检查管道接口密封情况，将高压软管顺着果树行间摆放好，防止软管打结而压破管道，开动加压泵并调节好压力，开始追肥。

④施肥量。在果树树冠垂直投影外沿附近的区域，施肥深度25厘米左右。根据果树大小，每棵树打6～8个施肥孔，每个孔施肥5～8秒，注入肥液1.5～2千克，两个施肥孔之间的距离不小于60厘米，每棵树追施肥水12.5～15千克。

（4）*施肥优点*　肥水一体化技术避免了传统施肥等天下雨或施后必须灌水的窘境。采用肥水一体化追肥，肥料利用率可以得到大幅度提升，和传统施肥方法相比更高效。可以根据果树对养分的需求规律，将果树迫切需要的有机营养通过配方化的方式供应给果树，少量多次，使施肥在时间上、肥料种类上以及数量上与果树需肥达到吻合，做到精准施肥。

根际液体追肥技术，其用工量是传统追肥的1/10～1/5，大量节省用工量，用一个枪2个小时就可施肥一亩地，如果用两个枪同时施，用时更少。该技术不损伤果树根系，不损伤果园土壤结构。

温馨提示

根据树体大小和挂果量决定肥料的施用量。配备肥料时切勿私自加大肥料浓度，以防烧根。对于连年施农家肥的果园，地下害虫较多的可加入杀虫剂，根腐病严重的可加入杀菌剂。

第 4 章
整形修剪

猕猴桃是多年生藤本植物，合理的树形是优质丰产的关键。整形的主要目的是使猕猴桃植株形成良好的骨架，枝蔓在架面合理分布，充分利用光能合成更多的营养物质，生产优质的果实；同时改善架面通风透光能力，便于田间作业，降低成本。修剪主要目标是维持良好树形，调节猕猴桃的营养生长与生殖生长的关系，保持两者的生长平衡，尽量使枝蔓合理分布，延长树体的经济寿命，达到高产、稳产、优质的目的。

一、整形

整形直接关系猕猴桃成园后的生长结果，一般从建园开始就要按照标准进行整形，整形采用的树形与所采用的架型、自然条件和品种特性等密切相关，不同的架型应采用与架型相适应的整形技术。

整　形

1. 基本树形结构　猕猴桃生产上主要推广的树形为单干两蔓（图4-1），即采用单主干上架，在主干上接近架面的部位选留两个主蔓，分别沿中心铅丝向两侧伸长，主蔓的两侧每隔25 ～ 30厘米选留1强旺结果母枝，与行向成直角固定在架面上，呈羽状排列。在我国有些猕猴桃产区，采用高密度栽培模式，在保证行距的基础上，进行株间加密，以获得较高的果园前期产量。他们对基本树形进行了改良，采用单干单蔓的整形模式（图4-2）。

图4-1　单干两蔓

图4-2　单干单蔓

2. 整形技术　在猕猴桃标准化整形中的树形结构主要以单干两蔓的树形结构为主，从猕猴桃栽植后的第一年开始整形，直到第四年基本完成整形。

（1）第一年整形（图4-3）　苗木定植后，选留2～3个饱满芽对主干进行短截，发芽后选留1个直立粗壮的枝蔓作为主蔓，在植株旁边插竹棍等作支柱，用绑绳将主蔓“8”字形固定在支柱上，每隔30厘米左右固定一道，保持新梢直立向上生长，以免新梢被风吹劈裂。注意不要让新梢缠绕竹竿生长。其余萌发的新梢留2～3片叶子，同时多次摘心作为辅养枝来养根，冬剪时剪除。嫁接口以下发出的萌蘖及时去除。

图4-3　一年生幼树的整形修剪（左：修剪前　右：修剪后）

（2）第二年整形（图4-4） 从当年发出的新梢中选择一长势强旺者固定在竹竿上引导其向架面直立生长，每隔30厘米左右固定一道，其余发出的新梢全部尽早疏除。当主蔓新梢的先端生长变细，叶片变小，节间变长，开始缠绕时，及时进行摘心，将新梢顶端去掉几节，使新梢停长、积累营养，顶部的芽发出二次枝后再选一强旺枝继续引导直立向上生长。当主蔓新梢的高度超过架面30～40厘米时，将其沿着中心铅丝弯向一边引导作为一个主蔓；并在弯曲部位下方附近发出的新梢中，选出一强旺者将其引导向相反一侧作为另一个主蔓，着生两个主蔓的架面

图4-4 二年生幼树的整形修剪（上：修剪前 下：修剪后）

下直立生长部分称为主干。两个主蔓在架面以上发出的二次枝全部保留，分别引向两侧的铅丝并固定。冬剪时，将架面上沿中心铅丝延伸的主蔓和其他枝蔓均剪留到饱满芽处。如果主蔓的高度达不到架面，仍然剪到饱满芽处，下年发出强壮新梢后再继续向上牵引。

（3）第三年的整形（图4-5）　分别在两个主蔓上选择一个强旺枝作为主蔓的延长枝继续沿中心铅丝向前延伸，架面上发出的其他枝蔓由中心铅丝附近分散引导伸向两侧，并将各个枝蔓分别固定在铅丝上，主蔓的延长头相互交叉后进入相邻植株的范围生长，枝蔓互相缠绕时进行摘

图4-5　三年生幼树的整形修剪（上：修剪前　下：修剪后）

心。冬剪时，将主蔓的延长头剪回到各自的范围内，在主蔓的两侧大致每隔20 ~ 25厘米留一生长旺盛的枝蔓剪截到饱满芽处，作为下年的结果母枝，生长中庸的中短枝剪留2 ~ 3芽。将主蔓缓缓地绕中心铅丝缠绕，大致1米左右绕一圈，这样进入盛果期后枝蔓不会因果实、叶片的重量增加而从架面滑落。保留的结果母枝与行向呈直角，相互平行，呈羽状排列，固定在架面铅丝上。

（4）第四年的整形（图4-6） 春季结果母枝上发出的新梢以中心铅丝为中心线，沿架面向两侧自然伸长，采用T形架的，新梢超出架面后

图4-6 四年生树的整形修剪（上：修剪前 下：修剪后）

自然下垂呈门帘状；采用大棚架整形的新梢一直在架面之上延伸，冬季修剪时在主蔓两侧每隔30厘米左右配备一个强旺结果母枝。在有空间的地方，保留中庸枝和生长良好的短枝。到第四年生长期结束，树冠基本成形。

进入盛果期后，整形的任务主要是在主蔓上逐步配备适宜数量的结果母枝，使整个架面布满枝蔓，维持营养生长和生殖生长间的平衡，保证盛果期果园的高产、稳产。

二、修剪

1. 修剪时期　猕猴桃修剪根据修剪时间分为冬季修剪和夏季修剪。

修　剪

(1) *冬季修剪*　又称休眠期修剪。冬季修剪的时间要合理，必须把握两个原则，一是地上部分营养充分回流根部；二是修剪后的修剪伤口到春季伤流期来临时能充分愈合。冬季修剪一般落叶后树木进入休眠后进行。过早修剪，会浪费大量营养物质；过晚修剪，伤口不易愈合，伤流期也会浪费大量营养物质，而且伤口容易感染溃疡病，造成更大损失。

(2) *夏季修剪*　主要在猕猴桃生长季节进行。

2. 冬季修剪　主要任务是利用短截、回缩和疏除等修剪技法，使幼树尽快成形，适期结果；成年树生长旺盛，丰产稳产；老树更新复壮，延长结果年限。选配适宜的结果母枝，均匀分布在架面，形成良好的结果体系，同时对衰弱的结果母枝进行更新复壮。

(1) *不同种类的结果母枝*（图4-7）　根据生长势，将猕猴桃枝蔓分为强旺发育枝、强旺结果枝、

图4-7　不同种类的猕猴桃结果母枝

中庸枝、短枝和徒长枝或徒长性结果枝。

①强旺发育枝。6 ~ 7月前抽生，直径在1厘米以上、长度在1米以上的营养枝，为结果母枝的首选目标。

②强旺结果枝。6 ~ 7月前抽生，直径在1厘米以上、长度在1米以上的结果枝，为较理想的结果母枝。

③中庸枝。长度在30 ~ 100厘米的枝蔓。在强旺发育枝和强旺结果枝数量不足时适量选用。

④短枝。长度在30厘米以下，停长早、芽饱满，着生靠近主蔓时可选留填空。

⑤徒长枝或徒长性结果枝。下部直立部分不充实，中部芽质量较好，能够形成结果枝。在强旺发育枝、强旺结果枝数量不足时也可留作结果母枝。

（2）*不同树龄期的修剪*　猕猴桃生育期可分为幼树期、初结果期、盛果期和衰老期4个阶段。冬季修剪应根据各树龄的生长发育习性，采用不同的修剪措施。

①幼树期。即从定植开始到结果前的修剪。主要任务是培养良好的树形，增加枝蔓和叶片量，加快树体成形，实现全园覆盖，为丰产奠定基础。

冬季修剪多从强壮枝蔓的饱满芽处短截，短枝一般留2 ~ 3个饱满芽，促发健壮枝蔓，培养树体骨架。主蔓上选择结果母枝蔓时，不选对生枝蔓，以免产生卡脖效应。

培养主蔓时，可先使其直立生长，绑蔓不宜过早拉平，应先保持45°角，促进生长。减少分枝换头级次，如果主蔓不直，冬剪进行回缩重新发枝培养。对于主蔓背上枝、徒长枝及时疏除。另外，注意疏除主干上的萌蘖枝。

②初结果期。初结果树一般枝蔓较少，主要任务是继续扩大树冠，适量结果。冬剪时对主蔓继续进行短截，促其生长，直至相邻两株交接为止。主蔓上的细弱枝剪留2 ~ 3芽，促使下年萌发旺盛枝蔓；长势中庸的枝蔓修剪到饱满芽处，增加长势。主蔓上的先年结果母枝如果间距在25 ~ 30厘米，可在母枝上选择一距中心主蔓较近的强旺枝发育枝或强旺结果枝作更新枝，将该结果母枝回缩到强旺枝发育枝或强旺结果枝处；如果结果母枝间距较大，可以在该结果母

枝之上再选留一良好发育枝或结果枝，形成叉状结构，增加结果母枝数量。

③盛果期。盛果期树的枝蔓已完全布满架面，冬季修剪的任务是选留合适的结果母枝、确定有效芽留量，并将其合理、均匀地分布在整个架面，既要确保产量，实现优质生产，获取良好的经济效益，又要维持健壮树势，延长经济寿命。

结果母枝的选留上，首先选留强旺发育枝，其次可选用强旺结果枝以及中庸发育枝和结果枝。单位面积架面上的结果数量和产量随着结果母枝间隔距离的减小而增大，但单果重、果实品质随结果母枝间距的减小而降低。从丰产稳产、优质和下年能萌发良好的预备枝等方面考虑，强旺结果母枝的平均间距宜在25 ~ 30厘米。

盛果期的猕猴桃植株，枝蔓已完全布满架面，冬季修剪可根据单株的目标产量，结合构成产量的几个因素来估计单株平均留芽量。计算的公式为：

单株留芽量＝单株目标产量（千克）/［平均果重（千克）×每果枝结果数×果枝率（%）×萌芽率（%）］

单株留芽的数量因品种的生长结果特性及目标产量而有所不同。萌芽率、结果枝率高、单枝结果能力强的品种留芽量相对少些，相反则高些。如秦美猕猴桃的萌芽率在55% ~ 60%，结果枝率在85% ~ 90%，平均每结果枝可结果3.0 ~ 3.4个，平均单果重95 ~ 98克，按照成龄园每亩目标产量2 250千克，株行距3米×4米时，平均株产46千克，每株树应留有效芽约350个，意外损坏估算增加10%，每株树留有效芽量大致可保持在380 ~ 400个芽。而海沃德猕猴桃的萌芽率较低，在50% ~ 55%，果枝率在75% ~ 80%，平均每结果枝结果3.0 ~ 3.3个，平均单果重93 ~ 95克，按照成龄园每亩目标产量2 250千克，株行距3米×4米时，平均株产46千克的，每株树应留有效芽约400个，意外损坏增加15%，每株树的留芽量大致可保持在460个芽左右，明显高于前者的留芽量（表4-1）

表4-1　秦美和海沃德冬季修剪时的留芽量对比

品种	萌芽率（%）	果枝率（%）	平均每结果枝结果（个）	平均单果重（克）	应留有效芽数（个）	最终留芽量（个）
秦美	55～60	85～90	3.0～3.4	95～98	350	380～400
海沃德	50～55	75～80	3.0～3.3	93～95	400	450～470

目前猕猴桃生产上，冬季修剪一般采用少枝多芽法，即在保证每株留芽量的基础上，减少每株树的留枝量，增加每枝的留芽量，确保夏季枝蔓、果实在架面的均匀分布。以美味猕猴桃秦美和海沃德为例，冬剪时强旺发育枝或强旺结果枝留芽16 ～ 18个，每平方米架面留强旺发育枝或强旺结果枝2个左右，即可满足目标产量的需要。当然对于强旺发育枝和强旺结果枝数量不足，或枝蔓分布不均、有空当时，可利用中庸枝、短枝，甚至徒长枝或徒长性结果枝进行补充和填空，确保留芽量及枝蔓均匀分布（图4-8）。

图4-8　冬剪后留芽及枝蔓分布情况

（3）结果母枝的更新复壮　猕猴桃的自然更新能力很强，从结果母枝的中下部经常会发出强旺的枝蔓，严重影响同枝上部枝蔓的生长。同时猕猴桃生长量大，枝蔓节间长，已结果部位为盲芽，次年不萌发，极易造成结果部位外移。如不及时回缩更新，结果后的枝蔓出现下部光秃，抽生新枝远离主蔓，易造成树势衰弱、减产和果实品质差，冬剪要对结果母枝进行更新。

冬季修剪时要尽量选留从原结果母枝基部发出或直接着生在主蔓上的强旺枝作结果母枝，将原来的结果母枝回缩到更新枝位附近或完全疏除掉（图4-9）。如果原结果母枝上的强旺枝着生部位过高，则应剪截至距基部较近的强旺枝，并将该强旺枝剪至饱满芽。如果原结果母枝生长过弱、近基部无合适枝蔓，在基部保留2 ～ 3个潜伏芽剪截，促使潜伏芽下年萌发后再从中选择健壮更新枝。但须注意潜伏芽萌发的枝蔓第一年不能结果。在后两种情况发生时，如果其附近有可留作结果母枝的枝蔓，可用其占据原结果母枝回缩后出现的空间。

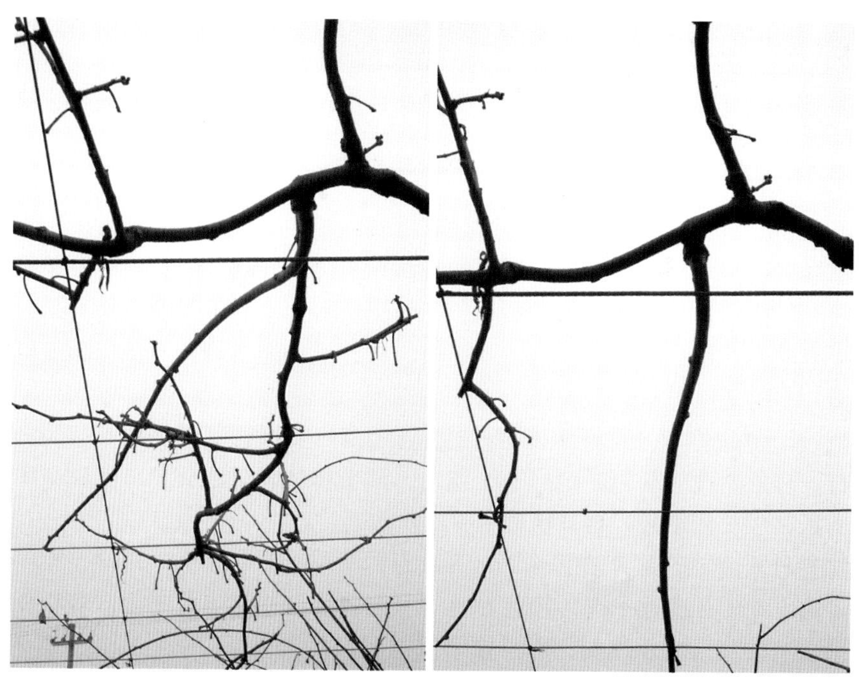

图4-9　结果母枝更新复壮（左：修剪前　右：修剪后）

对结果母枝的回缩通常每年要对全树至少1/2以上的结果母枝进行更新，2年全部更新一遍，使结果母枝一直保持强旺的长势。在3米×4米栽植距离下，盛果期的猕猴桃雌株冬剪时大致保留强旺结果母枝24个左右，每侧12个，分别保留15～20芽，同时在主蔓上或主蔓附近保留10～20个生长健壮、停止生长较早的中庸枝和短枝，以填充主蔓两侧的空间。结果母枝枝蔓均根据生长强度剪截到饱满芽处，未留作结果母枝的枝蔓，如果着生的位置接近主蔓，可剪留2个芽，发出的新梢可培养成下年的更新枝。其他多余的枝条及各个部位的细弱枝、枯死枝、病虫枝、过密枝、交叉枝、重叠枝及根际萌蘖枝都应全部疏除，以免影响树冠内的通风透光。

修剪时由于猕猴桃枝蔓的髓部较大，一般在剪口芽上留2厘米左右的短桩，以免剪口芽因失水抽干死亡。

对于多年生枝蔓的更新，由于结果消耗，树势变弱结果能力下降，多年生枝蔓要及早更新来维持树势。局部更新称为小更新，即利用枝蔓的自然更新能力，将老蔓发出的徒长枝从饱满芽处短截后培养，更新量小，对产量影响不大。

(4) 雄株修剪　雄株幼树的修剪同雌株，但成龄后，雄株在冬季不做全面修剪，只对缠绕、细弱的枝蔓作疏除、回缩修剪，使雄株保持较旺的树势，从而使其花粉量大、花粉生命力强，利于授粉受精。第二年春季开花后立即修剪，选留强旺枝，将开过花的枝蔓适当进行回缩更新，同时疏除过密、过弱枝。

3. 夏季修剪　猕猴桃夏季修剪主要在4～8月枝蔓旺盛生长期间进行，目的是改善树冠的通风透光能力，调节树体养分的分配，促进树体的正常生长和结果。夏季修剪主要工作包括：

(1) 除萌、抹芽（图4-10、图4-11）　一般从芽萌动期开始，大约每隔2周左右进行一次，抹芽要及时、彻底，可避免浪费大量营养，并减少其他环节的工作量。尽早抹除位置不当、密生、主干上发出的萌芽及根蘖苗。由主蔓或结果母枝基部的潜伏芽发出的徒长枝，位置不当、空间不足时应及早抹除，结果母枝上抽生的双芽、三芽一般只留一芽，多余的芽应及早抹除。

图4-10　抹芽前

图4-11　抹芽后

（2）疏枝　猕猴桃的叶片大，光线不易透过，成叶的透光率约为7.9%，必须通过疏枝调整树冠的叶面积指数，使架面下光斑量占树体投影的15% ～ 20%。

疏枝从5月下旬左右开始，6 ～ 7月枝蔓旺盛生长期是疏枝的关键时期。在主蔓上和结果母枝的基部附近每侧留10 ～ 12个强旺发育枝以后，疏除结果母枝上多余的枝蔓，使同一侧的一年生枝间距保持在20 ～ 25厘米，疏除未结果且下年不能使用的发育枝、细弱结果枝以及病虫枝等。通过疏枝后7 ～ 8月的果园叶面积指数大致保持在3 ～ 3.3为宜（图4-12）。

（3）绑蔓　绑蔓主要针对幼树和初结果树的强旺枝。尤其在新梢生长旺盛的夏季，每隔2周左右就应全园进行一遍，将新梢生长方向调顺，使新梢在架面上分布均匀，不互相重叠交叉，从中心铅丝向外引向第2、3道铅丝上固定。

图4-12　疏枝后的果园

猕猴桃枝蔓大多数向上直立生长，与基枝的结合在前期不够牢固，绑蔓时要注意防止拉劈，对强旺枝可在基部拿枝软化后再拉平绑缚。为了防止枝蔓与铅丝摩擦受损，绑蔓时应先将细绳在铅丝上缠绕1 ~ 2圈再绑缚枝蔓，不可将枝蔓和铅丝直接绑在一起，绑缚不能过紧，使新梢能有一定活动余地，以免影响其加粗生长。

（4）摘心（图4-13）　摘心又叫剪梢，生长旺盛的枝蔓到后期会出现枝蔓变细，节间变长，叶片变小，先端会缠绕在其他物体上，需要及时摘心进行控制。摘心一般在6月中、下旬进行，此时大多数中短枝已经停止生长，对未停止生长、顶端开始弯曲准备缠绕其他物体的强旺枝，摘去其新梢顶端的3 ~ 5厘米使其停止生长，促使芽眼发育和枝蔓成熟。摘心一般隔2周左右进行一次。但主蔓附近给下年培养的预备枝不要急于摘心，顶端开始缠绕时再摘心。摘心后发出二次枝时且顶端开始缠绕时再次摘心。由主蔓或结果母枝基部的潜伏芽发出的徒长枝，位置适当时，可留2 ~ 3芽短截，使之重新发出二次枝后缓和长势，培养为结果母枝的预备枝。

品种海沃德新梢春季萌发迟、生长快、基部不牢固，不抗风，容易受风害，可以利用摘心预防风害，当新梢长15 ~ 20厘米时摘去顶端3 ~ 5厘米，过迟或过轻则效果不佳。

图4-13　摘　心

(5) 捏点 (图4-14)　为了抑制摘心后大量萌发二次枝、三次枝等而加重工作量的问题，可以对强旺枝采取捏点，就是不摘心，仅将枝蔓顶端生长点捏伤，既可控制枝蔓快速伸长生长，又可抑制枝蔓顶端下部萌发新枝。对于靠近主蔓、主干，留作下年结果母枝的强旺枝，当其长度达30～40厘米时进行捏点，而远离主蔓、主干，冬季修剪可能去除的强旺枝在其长度10～20厘米时进行捏点。

图4-14　捏　点

温馨提示

捏点的要点是要达到捏而不死，否则就跟摘心的效果一样，不能抑制二次枝的萌发。

第 5 章

花果管理

一、授粉

猕猴桃为雌雄异株植物，雌株的花粉没有活力，雄株的子房退化不能结果，所以猕猴桃必须要利用雄株的花粉给雌株授粉，完成受精才能结出果实。猕猴桃生产上进行充分授粉具有重要意义。

授　粉

自然条件下，猕猴桃的授粉媒介主要是蜜蜂等虫媒。利用蜜蜂等授粉昆虫传播花粉，可以增加叶下花授粉概率。但蜜蜂等昆虫传粉最大的缺点是遇到低温、阴雨天气时，蜜蜂活动次数少，影响授粉；同时猕猴桃花没有蜜腺，其他具有蜜腺的花会影响蜜蜂等对猕猴桃的授粉效果。此外，猕猴桃花也是风媒花，能够借助风力授粉。但猕猴桃花粉粒大，在空气中飘浮距离短，依靠风力授粉效果不佳。加上猕猴桃叶大枝茂，叶下授粉效果不佳。猕猴桃的花期特别短，一般3～5天，最长1周，一旦错过授粉时机，就会出现授粉不良，影响产量，甚至颗粒无收。所以猕猴桃生产上必须依靠昆虫授粉或人工授粉来达到充分授粉的目的，从而生产出优质的猕猴桃果品。

在猕猴桃的生产中，猕猴桃果实内的种子数量对果实的大小和营养成分高低影响大，具有相关性。猕猴桃果实内种子多，果个大、品质好。相反，果实内种子少，则果个小、品质差。一般只要授粉产生13粒种子即可坐果，但果个小、品质差；种子数在50粒以下，会出现畸形果；如海沃德，一般每个果实内至少应有800～1 000粒种子才能长成优质果（图5-1）。只有达到充分授粉的要求，才能产生足够的种子，生产优质果。授粉不充分，坐果率低，果个小，畸形率高，商品率低，品质下降（图5-2）。因此猕猴桃生产上充分授粉具有十分重要的意义。

充分授粉不但可以提高坐果率，增大果个，提高果实品质，增加产量，而且可以改善果实形状，减少畸形果，使果个大小均匀，果实商品率提高，同时保证果园丰产、稳产，避免出现大小年。

猕猴桃授粉主要分为昆虫授粉和人工授粉，目前我国猕猴桃生产上以人工授粉为主，昆虫授粉为辅。新西兰猕猴桃授粉以蜜蜂授粉为主，人工授粉为辅。

图5-1　猕猴桃果实内种子数与果实大小的关系
（左：授粉良好　右：授粉不良）

图5-2　猕猴桃授粉的效果（小果为授粉不良果）

1. 昆虫授粉（蜜蜂授粉） 自然条件下猕猴桃的授粉昆虫较多，如蜜蜂、熊蜂、壁蜂等采花的昆虫都能进行授粉。生产上授粉昆虫主要为蜜蜂（图5-3）。猕猴桃是雌雄异株植物，加之叶大枝茂，花无蜜腺，叶下很难授粉，利用蜜蜂活动可以完成雌花的授粉，增加叶下花授粉概率。

据试验，用纱网隔离雌花，不让昆虫传粉，结果发现距雄株30米以外的雌花全部脱落，30米以内的雌花全部坐果，但果个很小，果内种子数少，糖含量低；而放蜂的果园，授粉效果好，果个大，果实内种子数多。

（1）*放蜂量* 蜜蜂授粉时需要的蜂量较大，主要由于猕猴桃花没有蜜腺，不产花蜜，对蜜蜂的吸引力较差。一般每2亩需要放1箱蜂，而且每箱应有不少于3万头活力旺盛的蜜蜂。即每公顷放8箱左右蜜蜂较合适。

（2）*方法* 当果园有10% ~ 15%的雌花开放时，将健康、活力强的蜂的蜂箱搬入果园，放在向阳温暖并稍有遮阴的地方。蜂群管理要每2天给每箱蜜蜂饲喂1次50%的糖水，增强蜜蜂的活力。同时要注意果园中和果园周围不得有与猕猴桃花期相同的植物，园中种植的白三叶或毛苕子等应在蜂箱进入果园前刈割1遍。花期进行蜜蜂授粉时，禁止喷施农药，防止毒害蜜蜂。

图5-3 蜜蜂授粉

有条件的果园也可以通过人工放养壁蜂（图5-4）和熊蜂（图5-5）等授粉昆虫来进行授粉。

图5-4　壁蜂授粉

图5-5　熊蜂授粉

（3）授粉效果　蜜蜂传粉对果实果个大小影响明显（表5-1）。蜜蜂授粉的果实单果重80克以上的占88.02%，80克以下的仅占11.98%；没有采取蜜蜂授粉的80克以上的果实仅占1.90%，且没有100克以上的果实，80g以下的占到98.10%。可见，蜜蜂授粉可显著提高果个大小和大果数。

表5-1 蜜蜂传粉对果实重量的影响

传粉情况	调查果树（株）	不同单果重果数（个）						备注
		40克	40～50克	60～70克	80～90克	100～110克	大于110克	
蜜蜂传粉	167	1	5	14	57	75	15	
蜜蜂未传粉	158	56	75	24	3	0	0	纱网隔离

2.人工授粉　由于农药过度施用，果园生态环境恶化。果园和果园周围缺乏天然栖息地已经造成野蜂绝迹，授粉昆虫的数量严重不足直接影响授粉。即使在配套有雄株的果园内，放了充足数量的蜜蜂进行授粉，但是遇到低温阴雨天气，蜜蜂活动次数减少，也会严重影响授粉效果。在缺乏蜂源和连续阴雨时，必须进行人工授粉来弥补。

人工授粉是猕猴桃生产优质果的一项关键技术措施。只有充分授粉，才能在其他技术措施的配套下生产出品质好、果形端正和果个大的优质果实，创造出高的经济效益和社会效益。

（1）花粉制备　人工授粉前必须要有活力强的花粉。目前花粉来源主要有两种途径：果农自己制粉和工厂化制备花粉。

①果农自制花粉。主要包括以下过程：

雄花的采集：在晴天早晨10：00以前进行雄花的采集，采集的雄花要及时进行处理，防止发热或霉变影响花粉活性。雄花花朵采集标准以半开的铃铛花为最好（图5-6），完全开放已经散粉的花花粉少，未开的花花粉活力差均不宜采摘（图5-7）。

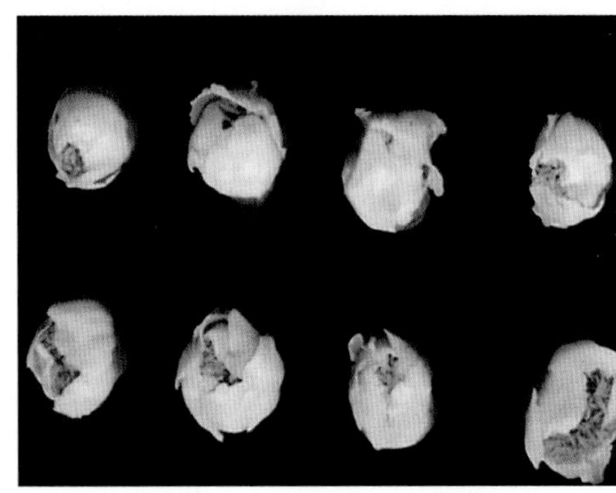

图5-6　适合采集的雄花

图5-7　不适合采集的雄花

花药收集：有人工取花药和简单机械取花药两种方法。主要采用人工取花药即用牙刷、剪刀、镊子等手工取下雄花的花药，工作效率低，费工费时（图5-8）。简单机械取药即采用简易刷粉机、电动刷粉机刷下花药，节约时间，工作效率高（图5-9）。

图5-8　手工收集花药

图5-9　简易刷粉机

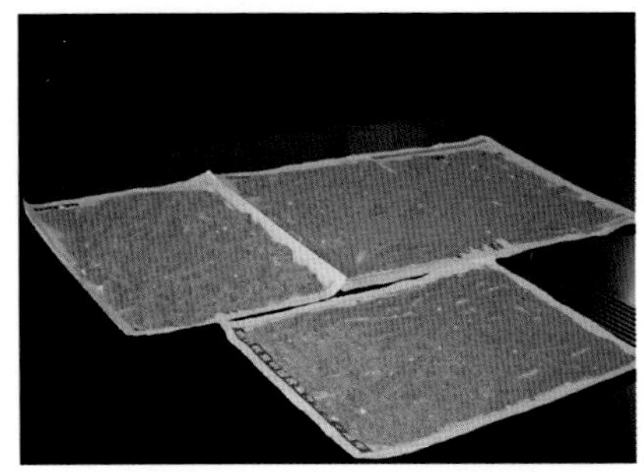
图5-10　花药室内阴干

花药干燥：根据本地的天气情况，可以采用室内阴干（图5-10）、电热毯烘干、阴凉处晒干（图5-11）、恒温箱烘干（图5-12）等方法进行花药干燥。无论采用什么方法，花药干燥温度不宜超过28℃，否则会严重降低花粉活力。

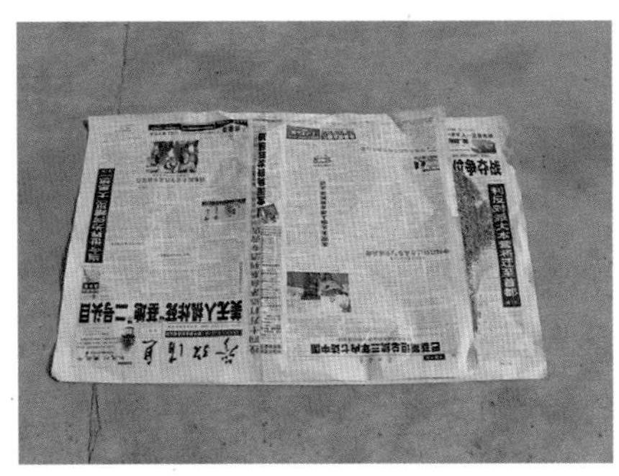
图5-11　花药阴凉处晒干

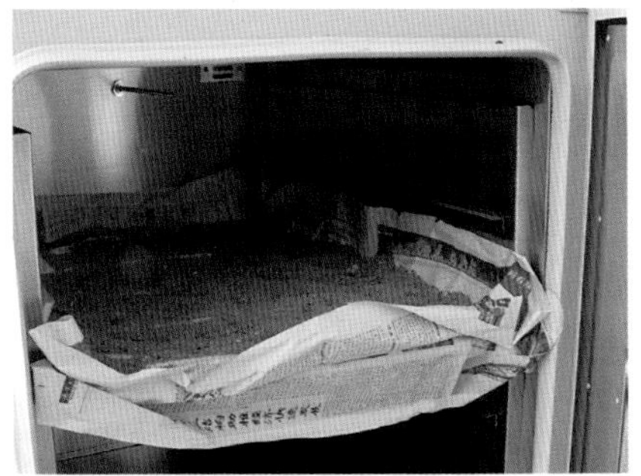
图5-12　花药恒温箱烘干

花粉分离：花药开裂散粉后，用80～100目细罗将花药与花粉进行分离（图5-13）。分离出的花药壳可以碾碎用作辅料。生产中有果农使用料理机打花药促使花药散粉分离，这种操作常常造成花粉活性降低从而影响授粉效果，其主要原因是高速运转的料理机摩擦生热影响了花粉的活力，不建议使用。

图5-13　用细罗分离花粉

花粉贮藏：分离出的花粉可装入干燥的玻璃瓶或塑料瓶等内（注意：不能用金属器皿存放花粉）保存备用（图5-14）。2～3天内就要使用的花粉建议放到冰箱冷藏室或家里冷凉的地方。纯花粉在-18℃可贮存1～2年。

图5-14　分离的花粉装入塑料瓶等容器内

②工厂化制备花粉。工厂化制备花粉过程与果农自己制粉相似，只不过整个过程主要采用机械装置进行。首先利用花药分离机将花朵适当粉碎、过筛、分离出花药，然后将花药放入烘干房内，温度控制在25～28℃，室内风速≤0.3米/秒，干燥24～48小时，待花药干燥散粉后，利用花粉轻、花药重的原理采用抽气分离花粉，分离的花粉装入塑料瓶内低温下保存。生产过程见图5-15至图5-18。

图5-15　花朵破碎及分离花药

图5-16　花药干燥

图5-17 花药与花粉分离

图5-18 纯花粉装入塑料瓶

（2）授粉时间　猕猴桃的花期较短，花期长的年份可持续1周以上，花期短的年份只有3 ～ 5天。猕猴桃雌花开放后5天之内均可以授粉受精，但以开放后1 ～ 3天授粉效果最佳。随着猕猴桃花开放时间的延长，授粉坐果率降低，果实内的种子数逐渐下降，果个变小。

图5-19 花朵充分开放，柱头趋向直立

猕猴桃花多集中在晴天早晨开放，但多云或阴雨天气，全天都有一定的花在开放。因此，对于开花期空气比较干旱的地区，建议在晴天，初果期园在以上午8：00 ～ 11：00进行授粉为宜，盛果期园可全天授粉，阴天或小雨天初果期园和盛果期园均可全天授粉；对于开花期空气比较湿润的地区，初果期园和盛果期园均可全天授粉。授粉的基本标准为花朵充分开放，柱头趋向直立（图5-19）。

温馨提示

注意在高温、干旱的年份，上午11：00至下午3：00期间不宜授粉。连续授粉2 ～ 3次，效果更好。

(3) *授粉方法*　猕猴桃人工辅助授粉方法主要包括花对花授粉和花粉授粉两种。

①花对花授粉。即直接用雄花对雌花授粉，就是采集当天早上刚开放的雄花，花朵向上直接对准刚开放的雌花，用雄花的雄蕊轻轻在雌花的柱头上涂抹（图5-20）。一般每朵雄花可授7～8朵雌花。雄花采集在早上10：00以前进行，采集的雄花要在早上授完。此方法在部分地区还在采用。花对花授粉速度较慢，但不用人工收集花粉，授粉质量高、效果好。

图5-20　花对花授粉

②花粉授粉。为节约花粉用量，在授粉前，将自己收集制备的花粉或者市场购买的商品花粉与淀粉、石松子、粉碎的花药壳等辅料按一定比例配制、混匀，用于授粉。花粉混合物必须现配现用。常用花粉授粉方法有毛笔点授、注射器接触授粉、电动喷粉器授粉等。

毛笔点授：用毛笔蘸上花粉在雌花的柱头上涂抹授粉（图5-21）。

注射器接触授粉：取一个大号的塑料注射器针管，切掉针管的前端，然后将稀释后的花粉装入针管，手拿授粉器向上对准雌花柱头，将柱头埋入花粉中进行授粉，随着花粉量的减少，向上推动注射器内的活塞，使花粉靠近端口，继续进行授粉（图5-22）。

电动喷粉器授粉：将花粉按一定比例与辅料混匀，然后装入电动喷粉器内，对准雌花进行授粉。

图5-21　毛笔点授

图5-22　注射器接触授粉

图5-23　电动喷粉器授粉

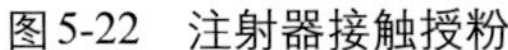

温馨提示

电动喷粉器授粉时所加辅料的大小、重量必须与花粉相接近。否则将影响授粉效果。

二、疏蕾与疏果

疏蕾与疏果

猕猴桃开花量大，坐果率高，授粉受精良好时基本不会出现生理落果现象。如果结果过多则养分消耗大，单果重量减轻，果实品质下降，商品率降低，同时还会削弱营养生长，引起树体衰弱，连续生产能力下降，影响丰产性和稳产性。所以猕猴桃生产中必须进行人工疏蕾疏果，而且越早疏除，营养损失越小。

1. 疏蕾　生产中主要疏蕾，一般不疏花。主要因为猕猴桃花期很短而蕾期较长，而且疏蕾比疏花疏果更能节省养分。

①疏蕾时间。通常在侧花蕾与中心花蕾分离后2周左右开始。

②疏蕾方法。由于猕猴桃的雌花多数为聚伞花序，由中心花蕾和两个侧花蕾组成，中心花蕾发育有优势，可以长成优质果，所以一般选留中心花蕾开花结果，而疏除两侧的花蕾，俗称“扳耳朵”（图5-24）。

首先按结果母枝蔓间隔15 ~ 20厘米留1个结果枝，将其上过密枝、生长较弱枝、背下枝、无叶枝等疏除，保留强壮结果枝。其次疏除结果枝上的病虫蕾、畸形蕾（图5-25）、侧蕾，保留中心花蕾。在花量较大的情况下，可对结果枝基部和顶部的花蕾进行进一步的疏除。

图5-24　扳耳朵

图5-25　畸形蕾

根据不同结果枝的强弱来进行疏蕾，强壮的长果枝留5 ~ 6个花蕾，中庸的结果枝留3 ~ 4个花蕾，短果枝留1 ~ 2个花蕾。同时，为了防止花期授粉不良而影响预定产量，疏蕾时要适当多留一些花蕾。

2. 疏果　猕猴桃授粉受精后幼果生长迅速，坐果后50 ~ 60天内果实体积和鲜重可达最终总量的70% ~ 80%。开花坐果后要及时通过疏果来调整留果量，防止留果过多，影响果实品质和猕猴桃树体生长。

（1）*疏果时间*　可分两次，第一次在盛花后2周左右开始，第二次在花后1个月进行定果。

（2）*疏果方法*　首先疏去授粉受精不良的畸形果、扁平果、小果、病虫果、伤果及过密果等（图5-26、图5-27），保留果柄粗壮、发育良好的正常果，尽量保留每个花序中中花结的果实和枝蔓中部的果实。

通过定果，健壮的长果枝留3 ~ 5个果，中庸结果枝留2 ~ 3个果，短果枝留1个果或不留。同时注意控制全树留果量。根据不同品种结果能力、树势、果实大小，每平方米架面留果30 ~ 50个。

图5-26　小　果

图5-27　畸形果

三、套袋

猕猴桃果面被有茸毛，易黏附灰尘，加上雨水从树枝、叶面等流下的污水在果实上留下污迹，还有病虫害及大风的危害，易使果实果面污染、受损，影响猕猴桃果品外观，失去商品价值。果实套袋（图5-28）可使果面干净，减少尘埃，防止病虫害、日灼、叶摩和农药残留，提高果实的商品价值和经济效益。

套　袋

图5-28　果实套袋

相对于未套袋果实，套袋果实贮藏能力有所变差，可溶性固形物含量下降0.5 ~ 1个百分点。

1. 套袋时间　猕猴桃生产上一般花后35 ~ 60天开始套袋。套袋过早会影响果实增大，过晚则果面易受污染而影响外观品质。

2. 纸袋选择　猕猴桃套袋用的袋子以单层褐色纸袋为多，另有外表褐色内里黑色的单层木浆纸袋。纸袋长约15厘米，宽约10厘米，袋口上端背面中间有2 ~ 3厘米的开口，供果柄放入，侧面黏合处有5厘米长的细铁丝，果袋下部为全开口或封口，而两角分别纵向剪1厘米长的通气缝。建议绿肉品种选用浅褐色单层木浆纸袋，黄肉品种选用外表褐色内里黑色的单层木浆纸袋。

3. 套袋前准备　一般在套袋前要先喷一次杀菌杀虫剂，防治褐斑病、灰霉病和东方小薪甲、蝽等，待药剂风干后立即套袋。

4. 套袋方法　套袋前一天，将要用的纸袋放在较潮湿的地方，使纸袋不干燥，套袋时好打褶。套袋时先将纸袋用手撑开，把果子放入袋中间，果柄放入袋口上端背面中间的开口中，然后将袋口折到果柄部位，用其上细铁丝轻轻扎住。套袋时一般应从树冠内部向外围进行（图5-29至图5-32）。要特别注意轻拿轻扎，不要把铁丝扎到果柄上，防止损伤果柄造成落果。

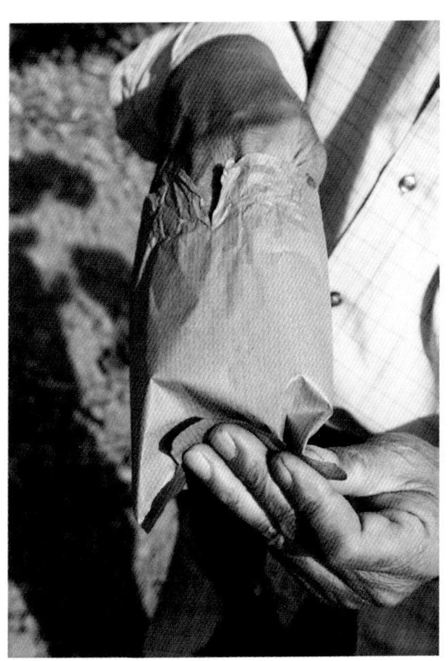

图5-29　撑　袋

图5-30　套　袋

图5-31　扎紧袋口

图5-32 果实套袋完成

5. 除袋 北方猕猴桃产区，一般在果实采收前3 ～ 5天除袋。而南方产区一般在果实采收前15 ～ 20天除袋。除袋时要小心仔细，防止袋口铁丝划伤果面，去除后的果袋带出果园外处理。

第 6 章
适期采收与贮藏

一、成熟指标

不同品种猕猴桃从坐果到果实采收需要130 ~ 180天不等。同一品种在不同年份、不同地区、不同气候条件其成熟期也存在较大的差距。猕猴桃果实的成熟期可分为3个阶段（表6-1），采收成熟期为猕猴桃的适宜采收期，果实可溶性固形物达6.5% ~ 7.5%，果实硬度在5.44千克/厘米^{2}以上，果实、细胞没有分离，淀粉没有完全分解成糖，果实硬且口感酸涩，此期采收的果实贮藏性能相对较好。进入第二阶段生理后熟期后，果实硬度下降到3.18 ~ 3.63千克/厘米^2，可溶性固形物达9% ~ 12%，果实口感松软适度，酸甜可口，具有品种固有风味，但不利于贮藏。到了食用期果实生理成熟，果肉硬度下降到0.5 ~ 1.0千克/厘米^2，可溶性固形物达12% ~ 18%，果实已充分达到可食用状态，具有该品种固有的风味和品质。

表6-1 猕猴桃果实成熟期的指标

果实成熟期	成熟度	果实硬度（千克/厘米^2）	可溶性固形物（%）	特 点
采收成熟期	可采成熟度	5.44以上	6.5～7.5	果实体积不再增加，果实硬、口感不佳，但此时期为适宜采收期
生理后熟期	食用成熟度	3.18～3.63	9～12	果实重量达到最大值，具有品种固有风味，但不耐贮存
食用期	生理成熟度	0.5～1.0	12～18	种子已经充分成熟，颜色褐色，果肉开始变软，采下即可食用

二、适期采收

根据猕猴桃的生长发育规律及用途，合理确定猕猴桃的适宜采收期。采收过早，果实未充分发育，物质的积累未达到固有的程度，影响产量；果实糖分低，酸含量高，糖酸比低，食用品质差；表皮保护组织发育不健全，易失水皱缩，腐烂率高；呼吸旺盛，果实品质易变劣，贮藏能力差。

适期采收

采收过晚，果实硬度低，乙烯释放峰提前，容易软化，入贮后衰老速度快；抗病性下降，易腐烂变质，贮期短；容易受到早霜危害，同时消耗树体大量营养和水分，降低树体抗性，甚至影响翌年的花芽分化。

1.采收期确定　猕猴桃果实将近成熟时，外观、内部会发生一系列变化，如果皮和种子颜色变深、果实硬度下降、淀粉分解、可溶性固形物上升等。目前猕猴桃生产上果实成熟期是以果实可溶性固形物含量达到一定标准来确定。根据不同用途（鲜食、贮藏、加工）掌握适宜的成熟度及采收时间。鲜食用在接近九成熟时采收；贮藏用的果实在商业成熟度时采收；加工的果实根据加工厂距离及运输需要选择八、九成熟采收。只有适时采收才能获得品质优良、贮藏性好的果品。

为了确保所测可溶性固形物能代表全园果实的成熟度，采样时在相同树龄、架型、管理水平的区域随机选择5株（边行及行两端植株除外），在高1.5～2.0米的树冠的不同部位随机采摘10个正常的果实，测定其可溶性固形物。10个果实样品的平均可溶性固形物达采收标准时即可采收。但如果有两个果实可溶性固形物含量低于采收标准0.4个百分点时，说明果实成熟期不一致，采收需要推后。

当然也可根据果实的生长期、果实的硬度、果面特征变化等来确定。猕猴桃从受精完成后果实开始发育到成熟需要130～180天。果肉硬度在8～9千克/厘米^{2}时采收较合适（图6-1）。为了保证消费者在猕猴桃可食状态下能品尝到高品质果实，近几年来，猕猴桃产业也引入干物质这一指标，将果实采收时的干物质含量作为衡量适宜采收的一个标准，以此来确保猕猴桃采收的品质。表6-2为陕西关中猕猴桃不同品种果实适宜采收成熟度指标，仅供参考。

图6-1　成熟的猕猴桃

表6-2　8个猕猴桃品种果实适宜采收成熟度指标（陕西关中）

品　种	生育期（天）	干物质（%）	可溶性固形物（%）	果实硬度（千克/厘米^2）
翠　香	120～130	≥14.5	7.0～8.0	9.0～10.0
红　阳	125～133	≥15.0	7.0～8.0	9.5～10.5
华　优	137～145	≥15.0	7.0～8.0	9.5～10.5
徐　香	145～157	≥14.5	7.0～8.0	10.0～11.0
金　香	141～149	≥14.0	6.5～7.0	9.0～11.0
秦　美	147～159	≥14.0	6.5～7.0	9.0～11.0
哑　特	153～165	≥15.0	6.5～7.5	9.5～11.5
海沃德	159～171	≥14.5	6.5～7.5	10.0～11.5

2. 采收时间　一般选择在晴天上午或晨雾、露水消失以后，避免在中午阳光直射、阴雨天、露水未干时采收。中午阳光直射时，果实温度高，不利于贮藏；阴雨天或露水未干时采收，果实含水量高，果实表面水分也多，湿度大，易感染病原微生物。

3. 采收方法　目前猕猴桃采收以人工为主，采收人员应剪短指甲，戴上软质手套避免划伤果实。采收时要注意先下后上，由外向内，避免碰伤。采下的果实放入用布作的采果袋或塑料盆等采果工具内，采满后轻轻倒入预先铺有稻草或棉线等柔软物质的果筐（图6-2）。将果筐轻搬轻放，及时运回，预冷后入库。

图6-2　猕猴桃采收

4. 采收时注意事项

（1）*采前准备* 采前10～15天内不能灌水。采前灌水会使果实中含水量过多，影响果实的耐贮性。采前1周可以喷施1次杀菌剂如多菌灵等，杀灭果实上附着的病原菌，减少贮藏期中果实的腐烂。也可在采收前20天、10天分别喷1次0.3%的$CaCl_2$溶液，可以提高果实耐贮性。但采前20～25天内不能喷杀虫剂。

（2）*无伤采收* 采收技术的关键就在于避免一切机械损伤，保证果实的完好无损。受伤的果实不但容易感染病原菌造成腐烂，而且还会使果实呼吸加强，产生大量乙烯，促使果实软熟，影响贮藏能力。采收前对采果人员进行培训，要求剪短指甲，佩戴软质手套；采摘时不能硬拉硬扯，用单手握住果实，食指轻压果柄，使果柄与果实自然分离；采收时要剔除小果、病虫果、畸形果、机械伤果和软化果等不合格的果实；采果工具、果箱和果筐预先铺上稻草或棉线等柔软物质；要轻拿轻放，尽量减少倒箱和倒筐的次数，运输过程中要减少振动和碰撞。

（3）*分品种、分批、分类采收* 生长在同一棵树上的果实，开花时间不同，着生部位不同，不能同时成熟。分品种、分批、分类采收，既能保证果实的质量，也能保证产量。

（4）*预冷* 猕猴桃果实要在采收当天运回，在自然通风或人工通风条件下进行物理降温。否则果实从田间带来的热量散不出去，会使果实提前出现呼吸高峰，加速软化，同时增加病原微生物侵染的概率。

（5）*严禁早采* 必须达到采收指标才能采收，否则会影响猕猴桃原本的品质风味。

（6）*采收过程中严禁吸烟和饮酒* 果园吸烟易引起火灾。

三、采后分级与包装

1. 分级 目前，新西兰等国在果实预冷后先进行分级、包装，然后入库，这样可以及早淘汰非商品果，提高贮藏库的利用率。而我国则仅对果实进行粗略分拣后直接入库，造成了贮藏库浪费，增加了果实贮藏成本。果实分级时要剔除小果、病虫果、畸形果、机械伤果和软化果等不合格的果实。

采后分级与包装

(1) 分级标准　果品外观具有本品种的果形、大小，色泽（果皮、果肉）均匀；无机械损伤、无虫口、无灼伤、无畸形，无病斑；施氮过多或施肥不当树上的果实，棚架下过于荫蔽的果实，叶片黄化树果实都不适宜贮藏；感官要求应符合表6-3的指标。

分级主要是将外观符合要求的果品根据果实的重量来分级。根据我国的果品分级标准（表6-4）指导猕猴桃的高标准生产，提高果品质量。

表6–3　猕猴桃的外观要求

项　目	指　标
风　味	具有本品种的特有风味，无异味
果　面	洁净，无污染、机械伤、腐烂和缺陷
成熟度	充分发育，达到市场或贮存要求的成熟度
果　形	果形端正，整齐一致，无畸形果
果　心	果心小，无空心，柔软，纤维少
果　肉	颜色符合品种特征，纯正，质地细腻
色　泽	具有本品种成熟时应有的色泽

表6–4　海沃德猕猴桃果品的分级标准

级别	新西兰		中　国
	规格（个／盘）	果重（克）	果重（克）
1	25	143～160	140～160
2	27	127～143	130～140
3	30	116～127	120～130
4	33	106～116	110～120
5	36	98～106	100～110
6	39	88～98	90～100
7	42	78～88	80～90
8	46	74～78	70～80

(2) 分级方法

猕猴桃的分级方法主要有人工分级、机械分级。其中，机械分级常与人工去除残次果相结合。

①人工分级（图6-3）。人工操作轻拿轻放可以避免果实的摩擦和碰撞导致的机械损伤，降低入库后的损失率。但是速度慢，分级误差较大。

②机械分级（图6-4）。速度快，分级标准，单果重误差小。一般先由滚动式分级线将果实传送到检查台，手工拣出不符合外观标准的果实，归入淘汰果。符合标准的果品继续前行，通过由不同重量标准组成的活动板，达到其设计的承受重量即自动翻转，果实进入不同级别的输送线，完成果品的自动分级和贴标。再由人工将不同级别的果实摆放入相应规格级别的包装箱内，完成包装。分级过程还可以一次性刷掉果面的茸毛，提高果品的品相。

图6-3　猕猴桃人工分级

图6-4　猕猴桃自动化分级

2.包装 科学的包装可减少果实在搬运、装卸过程中造成的机械损伤，同时增加果实的耐贮性。

由于猕猴桃是浆果，皮薄肉嫩，怕压、怕撞、怕摩擦，容易失水，同时又有后熟期，常温贮藏性差，对乙烯极为敏感。包装材料要求有一定的抗压强度和保湿性能及对气体有选择透性。生产上一般用硬纸盒或硬纸箱包装，箱底铺垫柔软的纸张或辅以PE、PVC塑料保鲜膜贮藏。

包装不宜太大，要美观、大方、方便，底色图案要突出猕猴桃的特色，吸引顾客。同时标明注册商标、果品规格、数量、品种名称、产地、生产者或经销商名称、地址及联系电话，还有出库期、保质期、食用方法、营养价值等。

图6-5　硬纸板盒包装

新西兰出口的果实采用单层硬纸板盒包装（图6-5），硬纸板盒深10～15厘米，衬以薄塑料或纸果盘，果盘为预先按不同等级的果实大小和数量压好果窝、排列整齐的四方形凸凹板，装果前再铺以聚乙烯薄膜袋或塑料薄膜，将果品整齐放置果盘后将薄膜折起，盖上硬纸板和瓦楞纸制成的双层盘盖。每托盘果品净重3.6千克，果实数根据分级标准有8种规格。

我国目前的包装多采用硬纸板箱，也有采用礼品盒式包装。但缺乏保湿装置，抗压能力不强。目前，国内也开始采用托盘包装。

四、采后贮藏

猕猴桃货架期较短，成熟期集中，贮藏是延长和调节猕猴桃市场供应时间的主要手段。

采后贮藏

1.影响猕猴桃果实贮藏保鲜的因素 果实采收后进入生理后熟期，仍然进行着生命活动，其中呼吸作用是最重要的生理活动，一旦本身能量耗尽，果实就会衰老腐烂，失去食用价值。贮藏就是创造一个将果实的呼吸维持在极低水平的环境，保持果品的营养价值，延长食用期。

什么是贮藏期和货架期？

贮藏期指生理成熟的果实，在合理的贮藏条件下，保持良好品质的持续时间。货架期指从贮藏库取出到供应市场销售，保持食用品质的时间。如能抑制呼吸，推迟后熟，延缓衰老，就会有较长的贮藏期和货架期。

影响猕猴桃果实贮藏保鲜的主要因素有：温度、湿度以及氧气、二氧化碳和乙烯含量。

（1）温度　温度是影响猕猴桃贮藏期的关键因素之一，温度高，猕猴桃呼气加快，养分消耗快，贮藏寿命缩短。但温度过低也会对猕猴桃果实造成冷害（图6-6）、冻害，降低果实品质。猕猴桃适宜的贮藏温度因品种、地区、果实成熟度而不同。

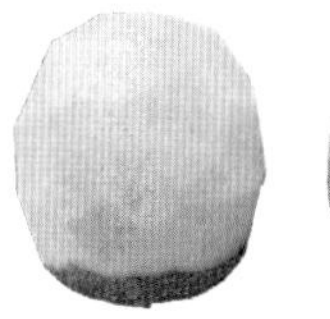

图6-6　猕猴桃果实冷害症状

（2）湿度　猕猴桃低温贮藏库的相对湿度以90%～95%为宜。贮藏库相对湿度低于果实时，果实内的水分将会向外扩散，水分缺失，造成失水萎蔫和果皮皱缩等症状，降低了果品的品质和商品价值，而且显著缩短猕猴桃的贮藏期。

（3）乙烯含量　猕猴桃属于典型的呼吸跃变型果实，对乙烯反应特别敏感。促使果实后熟的主要因素是果实内部产生的乙烯。贮藏环境内增加乙烯含量，可以缩短后熟期（催熟）；减少乙烯含量，排掉果实内部产生的乙烯，则可抑制果实成熟，延长贮藏时间。贮藏期乙烯主要来源于受伤的果实。贮藏期放置乙烯吸附剂（主要利用蛭石、氧化铝等多孔物质作载体吸附饱和高锰酸钾水溶液制成），可以降低库内乙烯含量，延缓果实软化。苹果、香蕉等果实产生的乙烯也能促使猕猴桃软化，库里尽量避免堆放产生乙烯的物品或果品。

（4）氧气和二氧化碳含量　一般氧气浓度不低于2%，二氧化碳浓度不高于5%。增加贮藏库内的二氧化碳浓度，降低氧气浓度都能抑制呼吸和乙烯的合成。

低温、低氧、低乙烯和高二氧化碳浓度主要是抑制果实的呼吸作用，高水平的湿度主要是保持果实新鲜和不失水，为果品提供一个维持最低生命活动的贮藏环境。

2.贮藏方法

生产上根据贮藏温度一般分为常温贮藏和低温贮藏。

(1) **常温贮藏** 主要应用于小批量、简易贮藏。常见的有地窖贮藏、通风库贮藏和聚乙烯薄膜加保鲜剂常温贮藏等。地窖贮藏的关键是要建立良好的通风系统，利用自然冷源换气降温，一般用于短期贮藏果实。通风库选择地势较高，阳光不直射的阴凉地段建库，贮藏效果受大气温度的影响很大，具有一定的温度、湿度调节能力，通过改良辅以轴流式风机强制通风，同时应用保鲜袋、保鲜剂处理，保鲜效果可以达到普通商业冷库的效果，并有节能节电的功能。聚乙烯薄膜加保鲜剂常温贮藏适合家庭短期贮藏，一般采用厚度0.4 ~ 0.5毫米的聚乙烯塑料袋，内放乙烯吸附剂，在阴凉地方贮存。

(2) **低温贮藏** 该方法是猕猴桃生产上常用的贮藏方法，适用于猕猴桃生产上大批量果品的贮藏保鲜。目前主要有低温冷库贮藏和气调冷库贮藏两种。生产上应用较多的是低温冷库贮藏。但从贮藏效果来看气调冷库贮藏较好，建议有条件的地区建立气调冷库贮藏猕猴桃，延长猕猴桃的贮藏时间，保证市场供应时间，提高猕猴桃的经济效益。

①低温冷库贮藏。即在良好的隔热性能的库房中安装机械制冷设备来控制库内温度，以实现猕猴桃的保鲜贮藏。

猕猴桃的贮藏温度要求：一般美味猕猴桃果实贮藏温度以0 ~ 1℃为宜，中华猕猴桃果实贮藏温度1.5 ~ 2℃为宜，并保持温度上下波动不超过0.5℃。

乙烯含量≤0.01微升/升，相对湿度≥90%。一般通过在库内洒水、在库顶安装超微喷头加湿或安装加湿器等方法来保证湿度。采收果入库硬度标准为14 ~ 20 千克/厘米^2，出库时硬度不能低于7.0千克/厘米^2，到达食用期硬度一般在0.5 ~ 1.0千克/厘米^2。

②气调冷库贮藏（CA贮藏）。气调冷库贮藏是在冷库低温、高湿

的环境基础上，增加了控制检测库内气体成分的装置，提高二氧化碳浓度，降低氧气浓度，来抑制果品呼吸作用而延长贮藏期。主要利用冷藏和气调双重作用来贮藏果品，这样贮藏保鲜时间长，猕猴桃果实保鲜一般都能在半年以上，可以保证猕猴桃果实的品质、色泽和硬度。

气调冷库贮藏的适宜气体成分为：氧气浓度2%，二氧化碳浓度5%。其他条件同低温冷库。

3. 贮藏技术

(1) 设备完好性检查与维修　在果实入贮前，应检查冷库库体有无损坏、漏热，检修所有设备，包括制冷、加湿、电路、控制、供排水设备等，做好使用前的准备，以保证产品安全、顺利地贮藏。

(2) 消毒

①库房消毒。猕猴桃入库5 ～ 7天前进行库房及包装容器、堆垛架的清扫和消毒处理。可以选用下列任意一种：

臭氧（O_3）消毒：将臭氧发生器接通电源后关闭库门，待库内O_3浓度达到40毫米/米^{3}后断掉电源，保持24小时。

二氧化氯（ClO_2）消毒：用80毫米/升ClO_2水溶液喷洒库房、容器、货架，密闭库门12小时。

硫黄熏蒸：用硫黄加锯末混合，分散堆在库内地面的各部位，点燃熏蒸。用量为每100米^{3}容积使用1.5 ～ 2千克硫黄粉。燃烧密闭2 ～ 3天后，打开库门通风，充分排净残留的二氧化硫气体。

②果箱消毒。用80毫克/升 ClO_2水溶液或用含氯浓度0.5% ～ 1.0%的漂白粉溶液浸泡2 ～ 3分钟后沥干。

(3) 预冷　猕猴桃果实采后入库前必须经过预冷处理，降低果实温度，使果品温度接近贮藏温度，减轻制冷机的运转负荷，同时可以减轻果实冷害的发生。否则果实携带大量热量，入库后会出现结露现象，影响果品贮藏。猕猴桃果实入库前4 ～ 5天开机降温，使库内温度降至所需要的温度。入库时果品温度与冷库温差越小越有利于果品快速降温到贮藏温度，果品的贮藏效果也越好。

常用的预冷方法有自然降温、抽风预冷、冷库预冷、水预冷和鼓风预冷等。最简单的就是自然降温，将采回的果实放在阴凉通风处自然降温，但是比较费时（图6-7）。以抽风预冷应用最普遍。抽风预冷就是将果箱放在密闭的预冷间，每排果箱间留有较窄的通风道，上用帆布盖

图6-7　自然降温

住。在预冷间两端安装有制冷机和排气扇，预冷时排气扇工作，使两端形成气压差，使冷空气从果箱间隙通过而将热量带走。在冷气流量达到每千克果品为0.75升/秒时，大约8小时即可降温至2℃。

（4）入库　猕猴桃入库时最好分级后装入果筐直接入库分类贮藏，有利于后期出库时包装。

①装筐。在果箱底衬垫厚0.03 ~ 0.05毫米带孔聚乙烯薄膜袋，袋子口径80 ~ 90厘米，袋长80厘米。将预冷的猕猴桃逐个轻轻放入果箱的塑料袋中，每袋15 ~ 20千克，箱内放入乙烯吸附剂效果更好，用绳子轻扎袋口后入库。

②入库码放。入库后应按产地、品种、等级分别堆码并挂牌。原则上每库一个品种。货垛堆码要牢固、整齐，货垛间隙走向应与库内气流循环方向一致，便于通风降温。货垛间距0.2 ~ 0.3米，库内通道宽1.5米，垛底垫板高0.1米。果箱间1 ~ 2厘米距离，货跺距离库墙0.3米，距冷风机1.5米，距库顶0.5米，以利于空气流通。

首次入库数量为库容的20%，之后每天按5% ~ 10%入库，避免库温变化起伏过大。

③禁止使用保鲜剂。猕猴桃入库前禁止使用1-甲基环丙烯（1-MCP）保鲜剂。1-MCP作为一种乙烯抑制剂或拮抗剂，能不可逆地作用于乙烯受体，阻断与乙烯的正常结合，减少乙烯的释放量，延长猕猴桃的贮藏期和货架期。但是生产实际中，猕猴桃使用1-MCP处理后出库卖给消

费者食用时，会出现猕猴桃果皮硬而不软，可溶性固形物偏低，口感偏酸，甚至果肉软化不可食等问题，直接影响猕猴桃的固有风味和品质，影响猕猴桃的声誉。

4. 贮藏期冷库管理

（1）低温冷库贮藏管理

①温度。猕猴桃入库后3天内库温应降至所设定的温度，并保持此温度至贮藏期结束。温度监测仪器误差不得大于0.5℃，每4～5天检查1次库温，发现问题及时纠正。靠近蒸发器及冷风出口处的果实应采取保护措施，以免发生冻害。

②湿度。最适相对湿度为90%～95%，误差要求不超过5%，测点的选择与测温点一致。如相对湿度不够应及时进行补湿。

③通风换气。一般7～10天换气1次。在夜间或清晨低温时通风换气，先关闭库门，打开风门开动风机，通风时间（通风时间=库容/风机换风量）达到后打开库门换气，继续按通风时间抽风，如此反复2～3次完成后立即加湿。通风时保持制冷机运转，注意防止库内温度波动。库内空气环流风速为每秒0.25～0.5米。

④检查果品。入库后20天左右，在库内全面检查果品1次，拣出软化果和不宜贮藏的果品。

⑤贮藏质量检验。猕猴桃入库时要求硬度一般为14～20千克/厘米^2，常规冷藏3～5个月出库时果实硬度不低于4千克/厘米^2，好果率95%以上。

质量检验主要是3个时段的检验：一是入库检验，检查果品外观质量、内在（可溶性固形物、硬度）质量，逐项按规定检验并记录于检验记录单上；二是贮藏期检验，贮藏期间每月抽验一次，检验项目包括果实硬度、可溶性固形物、病害、腐烂、自然损耗等；三是出库检验，出库前检验果实硬度、可溶性固形物、病害、腐烂、自然损耗等，统计好果率和损耗率，填好出库检验记录单。注意取样品必须具有代表性。

（2）气调冷库贮藏管理　气调冷库贮藏的堆垛密度比低温冷库贮藏大，只要能确保库内气体流通，便于货垛空气环流散热降温即可。在近观察窗口处放置6～8箱样果，供贮藏期检查所用。

①温、湿度。库温稳定在设定的温度后封库调气。封库后波动幅度

不超过±0.5℃。封库后开启加湿器加湿，相对湿度为90%～98%，误差要求不超过5%。

②调气。封库之后采用充氮或分离法快速脱氧法，48～72小时将库内氧气浓度降至2%～3%，乙烯脱至0.01毫克/升以下。二氧化碳脱除一般在封库后10天进行，入库前期库内二氧化碳浓度不会超标，二氧化碳上升到4%～5%时再开启二氧化碳脱除机进行脱除。

③出库。果品出库前两天解除气调，经两天时间，缓慢升氧。当库内氧气浓度超过18%后才可进库操作。

其他管理同低温冷藏库。

温馨提示

贮藏期间，当库内外温差大于10℃时，出库时为避免果面凝结水珠，应将猕猴桃在温度为5～7℃的缓冲间稳定5～6小时后再出库。出库后应尽快分级包装，以保证货架期果品质量。

五、运输与销售

1.运输 猕猴桃果品的特点决定了运输过程中要安全、快装快运、防寒防冻、防热防晒、防雨淋等，尽量减少中间周转环节防止果品处于不良环境加速软化。运输最好低温冷链运输，即采用冷藏车或低温集装箱等低温贮藏运输。如果运输时间超过6天必须与贮藏温度一致才有好的效果。

装卸果品时要轻装轻卸以免造成机械损伤。运输的环境要合适，防止运输途中强烈的振动使果实受伤引起腐烂。不能与苹果、梨等果实混装运输。

2.销售

（1）营销定位 根据不同的销售区域市场的消费群体，来决定销售的品种、规格、销售区域和营销策略等。如根据不同地区消费者的口味与习惯进行针对性销售，出口欧美市场就要选择口味偏酸的品种如海沃德、金香等；出口东南亚和港澳台地区就要选择口味偏甜的品种如徐香、红阳和脐红等；我国东北地区消费者喜食稍酸的大果型猕猴桃，就可以销售果形较大的秦美等品种；上海和江浙一带，就要销售偏甜的品种如徐香、红阳、脐红等。

（2）销售形式　出口国外市场，可以联系外贸部门出口或由专业合作社或公司直接接洽出口。国内市场销售可在各大中城市的批发市场布点自行批发销售，建立自己的品牌直销店销售，也可与各地的果品公司、单位和大型商场等签订供货合同进行销售。可利用网络在各种销售平台开网店、微店和朋友圈进行网上销售。还有些果农进行网上领养猕猴桃树等。但最为关键的是要保证猕猴桃的品质。

（3）广告宣传　采用大型的宣传推介会、采摘节和论坛等进行形式多样的促销活动。介绍猕猴桃的营养价值，提升猕猴桃果品的质量和品质，搞好售后服务，向消费者传授介绍猕猴桃的催熟技术等。

专栏

猕猴桃食用方法

目前，猕猴桃的营养价值已被广大消费者所接受，但是在猕猴桃最为关键的食用环节还存在许多问题，比如“硬时不能吃，软时一包水”等问题一直困扰消费者。由于许多消费者对猕猴桃可食状态掌握不到位，难以感受到其固有的酸甜爽口和浓郁香气，也直接影响了猕猴桃的声誉和产业发展。这主要是由于猕猴桃是一种具有后熟作用的水果，国内猕猴桃销售还不能做到即买即食，消费者购买后不能直接食用的，必须经过后熟后才能食用，所以就有了消费者买到猕猴桃后不知如何贮放、如何食用等问题。接下来讲一下如何科学地食用猕猴桃。

1. 催熟　一般国内销售到消费者手中的猕猴桃果实硬度≥2千克/厘米^2，果实硬且酸涩，无法食用，只有软熟后的猕猴桃（果实硬度0.5 ～ 1.0 千克/厘米^2）才酸甜爽口、果香四溢。国外有些公司出口至国内的猕猴桃可以做到即买即食，国内猕猴桃行业应该协同攻关研发猕猴桃贮藏技术，使上市销售的猕猴桃可以即买即食，促进猕猴桃消费环节的发展。

猕猴桃经销商应根据不同品种的货架期和销售市场的具体情况，提前将要出库上市销售的猕猴桃采用催熟的方法促进猕猴桃软化成熟，保持一定的货架期，做到即买即食。一般主要利用乙烯进行催熟。可将猕猴桃放在15 ～ 20℃、乙烯含量为100 ～ 500毫克/升的密闭室内处理12 ～ 14小时，取出在15 ～ 20℃的室内放置1周可达可食状态。

一般情况下，对于直接采收进入市场的猕猴桃果实，建议进行催熟后食用。而经过较长贮藏期的猕猴桃果实，其本身也能产生内源乙烯，可使果实逐渐软化，出库后不需要催熟，在室温下放置数天后会自动软化到可食状态，如货架期较短的品种如红阳、翠香和徐香；对于货架期较长的品种如海沃德等，可以将其与苹果、香蕉等混装在同一个塑料食品袋内，在室温下放置1 ～ 2周即可食用。

另外，猕猴桃属于浆果，含水量较大，室内熟化后不能及时食用，会出现果皮正常，果肉变腐烂，即“硬时不能吃，软时一包水”的现象。所以在软熟的过程中要及时检查，一旦软化成熟就立即食用。

当然，消费者也要改变消费观念和消费习惯，由于猕猴桃属于浆果，含水量大，不耐贮，所以购买猕猴桃时要吃多少买多少，随买随吃，不能像买苹果等水果一样一次购买过多，防止软化后吃不完造成烂果浪费。如果购买过多，要及时把猕猴桃贮藏在冰箱的冷藏箱中保存(注意一定不能贮藏在冷冻室，以防冻伤后变质不能食用)，然后根据个人的食用情况，分批次进行催熟和食用，这样才能享受到猕猴桃的美味。

2. 食用方法　猕猴桃既可作为水果直接食用，也可加工成各种类型的食品。

（1）鲜食　当猕猴桃的果实硬度达到1.0千克/厘米^{2}即可食用，此时猕猴桃果实有柔软感。可以用刀从中间横切，用小勺子挖取果肉食用(图6-8)。或切掉果实两端，用小刀削去果皮，切成片，放入盘内食用(图6-9)。

图6-8　小勺食用

图6-9　切片食用

餐后食用可以帮助消化肉类，特别是食用烤肉后取食。猕猴桃含有丰富的维生素C，可以阻断强致癌物亚硝胺的合成，减少胃癌和食道癌的发生。

此外在做肉、鱼等菜时均可用猕猴桃作配菜。也可以做水果沙拉、夹心面包等。

（2）加工产品　猕猴桃可加工成果酱、果脯、果酒、果醋和饮料等(图6-10、图6-11)，加工后不但可以提高其的耐贮性等，还可以提高附加值，增加效益。如加工成果干和果脯等便于贮存销售，加工成果酒、果醋等营养丰富，口味独特，受到消费者的喜爱。

图6-10　猕猴桃果脯

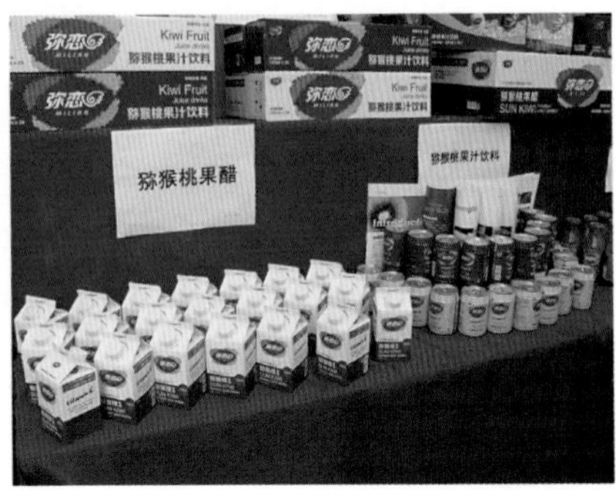

图6-11　猕猴桃果醋和果汁饮料

3. 猕猴桃食用注意事项

（1）猕猴桃不要与牛奶同食。因维生素C易与奶制品中的蛋白质凝结成块，不但影响消化吸收，还会使人出现腹胀、腹痛、腹泻，所以食用猕猴桃后，一定不要马上喝牛奶或吃其他乳制品。

（2）猕猴桃性寒，不宜多食，脾胃虚寒者应慎食，腹泻者不宜食用，先兆性流产、月经过多和尿频者忌食。

（3）5岁以下的儿童最容易产生猕猴桃过敏反应，应慎食。

第 7 章

防灾减灾

一、低温冻害

在猕猴桃生产中，生长季节的突然降温和休眠期的持续低温都会对猕猴桃造成严重的低温冻伤。生产中常见冬季冻害和早春晚霜冻害。

1.冬季冻害 初冬的急剧大幅度降温和冬季持续低温都可造成冻害。猕猴桃正常进入休眠后有较强的耐低温性，但初冬尚未进入完全休眠时突然降温就会遭受冻害。来不及正常落叶的嫩梢和叶片受冻干枯，变褐死亡，不脱落；主干受冻后地上部10 ~ 15厘米处局部或环状树皮剥落，在冻伤处枯死。以主干基部和嫁接口部位较重，其他部位较轻。休眠季节的持续低温冻害表现为抽梢或抽条，即枝干开裂，枝蔓失水，芽受冻发育不全或表象活而实质死，不能萌发。低湿度和大风的同时作用会导致枝蔓失水干枯，甚者全株死亡（图7-1至图7-3）。

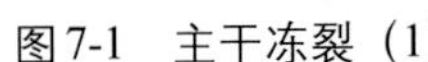

图7-1　主干冻裂（1）

图7-2　主干冻裂（2）

图7-3　幼树主干直接冻伤致死

（1）*危害特点* 1 ~ 2年新建园的实生苗和幼树冻害最重，3 ~ 5年初结果园幼树冻害较重，6年以上成龄园大树未见冻害现象。生长健壮的树受冻轻，弱树受冻重。负载量大的树受冻重，合理负载的树受冻轻。河道平原主产区受冻严重，沙土地受冻重。低洼地、山前阴坡地、台塬迎风面冻害较重，开阔平地、阳坡地、背风地冻害较轻。

陕西猕猴桃主产区1991年11月上旬至12月中旬气温达22 ~ 28℃，休眠后树干活动起来，12月26日突然降温到－17.8℃，树体受冻部分枝蔓冻死，近一半从嫁接口以上15 ~ 20厘米处冻死，严重的地上部分全部冻死。2009年11月上中旬，陕西关中地区气候突变，大幅降温降雪，据西北农林科技大学猕猴桃试验站气象站监测，11月2日出现－0.44℃、11日为－3.17℃，对仍然处于生长旺盛阶段的猕猴桃树体造成了严重的冻害损伤，部分果园猕猴桃受冻死亡，损失严重。

（2）预防措施

①加强果园管理，提高植株抗寒性。秋季加强水肥管理，少施氮肥，使树体提早落叶休眠，增强抗寒力。入冬后及时灌防冻水。大雪后及时摇落树体上的积雪，融雪前清除树干基部周围的积雪。栽植抗寒品种或用抗寒性砧木嫁接栽培品种。采用高位嫁接（1米左右），提高嫁接口的位置，防治冬季低温冻伤。

②培土防冻。对于未上架的幼树采用下架埋土防寒。在植株主干基部周围培50厘米的土堆，呈馒头形。

③树干涂白（图7-4）。冬前采用涂白剂涂猕猴桃主干和枝蔓，既可防冻又可防治越冬病虫害。涂白剂配方为生石灰：石硫合剂原液：食盐：水＝2 ：1 ：0.5 ：10。不建议涂黑，以防昼夜温差太大而受冻。

图7-4　树干涂白

越冬的防冻措施一定要在落叶后至土壤封冻前进行。

④包干防冻（图7-5）。可用破棉被、废纸、稻草、麦秸等秸秆包裹主干，特别要将树的根颈部包严防冻。必须注意的是包干材料一定要透气。

⑤喷布防冻剂。全树喷布防冻液，可有效减轻冻害发生。供选用的防冻剂有螯合盐制剂和生物制剂等。

⑥其他方法。冬季极端低温持续来临，急剧降温前及时采取树体喷水、果园熏烟和风车吹风等方法。一般在夜里0:00 ~ 1:00时进行。一定要在冻害来临前应用，否则起不到应有的作用。树体喷水适用于0℃以下的急剧降温情况。果园熏烟一般用锯末放烟（图7-6）。也可在烟煤做的煤球材料中加入废油，能迅速点燃，又不起明火，可在每棵树下放置一块。

图7-5　猕猴桃冬季树干包干防冻

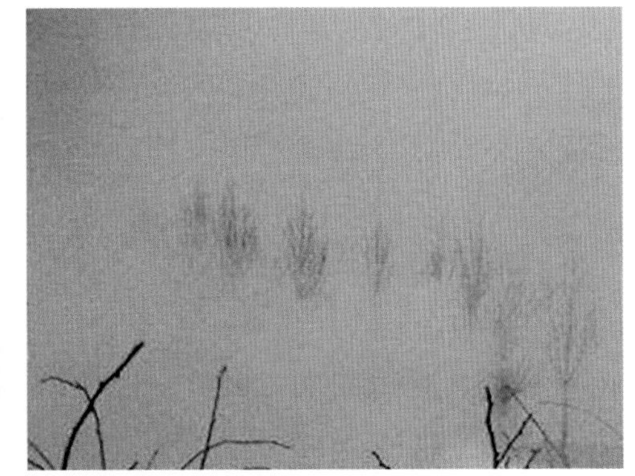
图7-6　低温来临前果园放烟

2. 早春晚霜冻害

(1) *危害特点*　北方地区多发生于春季的3月下旬至4月中旬，主要危害早春萌发的新芽、嫩叶、新梢、花蕾和花。受冻后器官变褐、死亡，导致芽不能萌发。或萌发的嫩梢、幼叶初期呈水渍状，后变黑、死亡。

2007年4月2～3日周至果区发生大面积晚霜危害，新梢萎蔫枯死，受害严重的果园受冻率达80%以上，近20万亩猕猴桃受冻，2万多亩因幼芽和花苞冻死而绝收。2018年4月7日凌晨陕西猕猴桃产区发生大面积严重低温晚霜危害，新萌发的枝蔓、花蕾、叶片等不同程度冻伤死亡，部分果园特别是低洼地基本全园覆灭，损失巨大，基本没有收入(图7-7至图7-14)。

图7-7　早春冻害导致芽萌发率下降

图7-8　早霜危害幼苗

图 7-9　晚霜来临前的猕猴桃生长情况

图 7-10　晚霜危害新叶

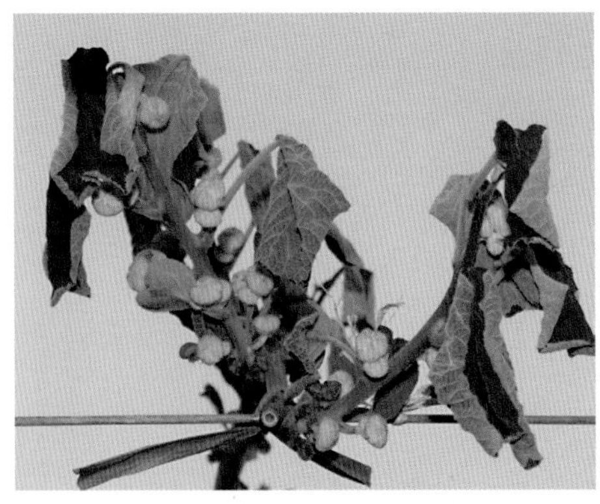

图 7-11　晚霜危害花蕾

图 7-12　晚霜危害花蕾内部症状

图7-13 晚霜危害枝蔓

图7-14 低洼果园晚霜危害状况

(2) 预防措施

①避免在低洼地建园。低洼地种植猕猴桃，易使其受霜害，还易积水。

②选择芽萌发晚的品种。在易遭受晚霜危害的产区，选择栽植芽萌发较晚的品种如海沃德等。

③加强果园管理，提高树体抗逆能力。在易发生倒春寒的产区，猕猴桃萌发前后及时浇水2～3次，以降低地温，推迟萌芽期。或喷施0.1%～0.3%的青鲜素，推迟萌芽和花期，以避开晚霜。在萌芽至花期晚霜、低温来临前3～5天，全树喷施0.3%～0.5%的磷酸二氢钾水溶液、10%～15%的盐水、芸薹素内酯4 000～5 000倍液或2%氨基寡聚糖500～600倍液等，提高树体抗冻能力，减轻冻害发生。

④灌水、喷水。提前全园进行灌溉1次。在低温来临前，打开灌溉设施连续给果园喷水，缓和果园温度骤降，减轻冻害。

⑤防治冷空气沉降造成危害。有条件的果园，低温来临前使用吹风机或风扇等吹风搅动冷热空气混合，防止冷空气沉降造成危害。

⑥果园夜间熏烟。关注天气预报，在低温来临前，把锯末、作物秸秆、杂草等燃料放置于果园的上风口，一般每亩堆放6 ~ 8堆，根据低温来临时间，当夜间温度降至1℃时开始点燃后发烟，以暗火浓烟为好，不能有明火，尽可能使烟雾弥漫整个果园，持续到早晨8：00以后。也可使用防霜冻烟雾发生器等防冻，均可有效预防低温冻害。尤其是地势低洼、通风不畅的果园必须做好放烟防冻（图7-15）。还需注意放烟时间不能过早，持续时间不能太短，否则低温来时，果园烟雾不足，防冻效果不佳。

图7-15　果园放烟防冻

3. 低温冻害后的补救技术

（1）*根据受冻程度不同采取不同补救措施*　全株完全冻死的树体及时挖除补栽。地上部分冻死的大树，在伤流前，从主干基部去掉地上部分，新发强壮萌蘖，夏季高位（1米左右）嫁接复壮。受冻严重的实生苗和幼树，尽快平茬重新嫁接或补苗。在易冻区实行多主干上架，及时嫁接。对冻害较轻的初结果树，在萌芽前或7 ~ 8月对主干冻害部位进行上下桥接恢复树势（图7-16）。

(2) 加强土、肥、水管理，提高树体恢复能力 受冻不太严重的果园，及时喷施补充营养修复冻伤，促进受冻树体恢复。及时喷施芸薹素、碧护等生长调节剂和氨基酸螯合肥、稀土微肥或磷酸二氢钾等速效营养液，采用低浓度多次叶面喷施为宜，补充养分促使树体恢复，同时加强果园土、肥、水管理，受冻结果树要摘除全部花，不留果，减少树体养分消耗，恢复树势；花期有晚霜危害尽可能少留花，少结果，以恢复树势。

图7-16 受冻树体桥接恢复树势

受冻严重的果园，由于新梢、叶片受损严重，出现枝梢、叶片干枯，失去吸收能力，暂不需喷施生长调节剂和速效营养液。加强果园土、肥、水管理，促使中芽、侧芽、隐芽、不定芽的萌发，加快恢复树势，同时根据具体情况可适当选留花果。经7 ~ 15天恢复后，根据果园恢复程度再采取进一步措施，及时疏除冻死枝叶、无萌发的光杆枝、染病枝等，促使树体恢复生产。

受冻果园后期管理以恢复树势为主，采取以下措施严格管理。

①推迟抹芽、摘心和疏蕾。待天气稳定后，根据树的生长情况，进行抹芽、摘心、疏蕾，确保当年的枝蔓数量。

②及时追施含氨基酸、腐殖酸、海藻酸等肥料。促进根系生长发育所需的营养，促使萌发新枝。

③受冻果园夏季后期管理控旺。对于受冻恢复果园，由于生殖生长受损，营养生长会偏旺，夏季管理要控氮防旺长，促使枝蔓健壮生长，形成良好结果枝。

(3) 做好病虫害的防治 猕猴桃树体受冻后抗病虫害能力下降，容易产生继发性病害，应及时剪除冻死的枝干，用机油乳剂50倍液封闭剪口；全园喷施3%中生菌素水剂600～800倍液或2%春蕾霉素水剂600～800倍液等杀菌剂防止溃疡病等。

(4) 关注天气预报，防止低温造成二次冻伤　关注最近天气预报，若再有大幅降温，应及时采取果园放烟或全园喷水等预防措施，防止再次降温加重冻害危害，尤其是低洼和通风不畅的果园。

二、风害

1. 危害特点

(1) 机械损伤　大风常使嫩枝折断（图7-17）、新梢枯萎、叶片破碎、果实脱落。轻者撕裂叶片，重者新梢从基部吹劈。如海沃德抗风能力差，很易被强风吹劈。严重时会刮到棚架（图7-18）。

图7-17　枝蔓被风折断

图7-18　风害造成倒架

(2) 风摩　风害会造成叶片、果实之间相互摩擦或与架材相互摩擦，形成风摩（图7-19、图7-20），直接影响叶片的光合作用和果实的外观品质，从而造成损失。

(3) 冬季抽条死亡　冬季西北风不停吹，加上低温，容易导致枝蔓严重失水干枯、抽条，使大量枝蔓干枯死亡。

(4) 夏季干热风　夏季气温30℃、空气相对湿度30%以下、风速30米／秒的时候，会产生干热风，导致猕猴桃失水过度，新梢、叶片、果实萎蔫，果实日灼，叶缘干枯反卷，严重时果实脱落。

图7-19　风害造成的叶片风摩

图7-20　风害造成的果实风摩

2. 预防措施

(1) 科学选址建园　建园时选择在避风的地块。在山区、丘陵地区栽植，应选择背风向阳的地块。

(2) 加强果园管理　风害易发区，栽植抗风能力好的猕猴桃品种。对海沃德等抗风能力差，枝蔓易折的猕猴桃品种，要尽早摘心，促进枝蔓木质化，提高抗风能力。栽培时加固架面，选择抗风的大棚架。

(3) 建设防风林或人工风障　在大风频繁发生的地区，应建设防风林。树种以速生杉木、水杉为佳，避免猕猴桃受风灾危害。也可在果园迎风面建立由防风网等构成的风障，减低风速（图7-21）。

图7-21　新西兰建设的防风林与人工风障

(4) 干热风来临时灌水、喷水　根据天气预报，在干热风来临前1 ~ 3天猕猴桃园灌水1次；干热风来临时，猕猴桃园进行喷水，均可缓解危害。

(5) 果园生草、覆盖　在常发干热风地区，采取果园间作和果园生草，可以很好地缓解干热风的危害。

(6) 风害发生期管理　及时剪除被风吹断的枝蔓，全园喷布3%中生菌素水剂600 ~ 800倍液或2%春霉素水剂600 ~ 800倍液等杀菌剂，防治溃疡病等病原菌入侵感染。

三、强光高温危害

1. 危害特点　主要发生在夏季高温时期，危害猕猴桃叶片和果实，造成叶片干枯，果实日灼，落叶落果，对猕猴桃生长影响很大。

(1) 叶片青干　6 ~ 8月气温达35℃以上，叶片受强光照射5小时，叶片边缘水渍状失绿青干（图7-22），后变褐发黑。持续2天以上叶片边缘变黑上卷，呈火烧状，严重时引起早期落叶。

(2) 果实日灼（图7-23）　强光高温天气，果实暴晒易发生日灼。

图7-22　叶片青干

图7-23　果实日灼受害状

2. 发生规律　猕猴桃果实怕强光直射，如果在5 ~ 9月，未将果实套袋或遮阴，直接暴晒在阳光下，就会发生日灼。一般T形架整形栽培有果实外露现象，易发生日灼。大棚架果园日灼发生较轻。日灼多发生于树势较弱的初结果园。3 ～ 5年生的果园受害重，5年生以上的果园受害轻。生草覆盖的果园较未生草的发生轻。修剪过重、枝叶量少的果园易发生。

3. 预防措施

（1）加强果园管理　高温时及时灌水或果园喷水。夏季果园生草或用麦糠或麦草覆盖果树行间。夏季修剪保留好合理的枝叶比，使果实免受强光直射。防治褐斑病等病虫害，避免叶片早落，有利于减少日灼的发生。在易发生日灼的天气，在树上挂草遮盖裸露的果实，可减少日灼病的发生。

（2）间作　幼苗可在行间两边种植玉米给幼树遮阴（图7-24），避免日光直射。

（3）叶面喷雾　高温季节喷施液肥氨基酸400倍液，也可每亩喷施50 ～ 100毫升抗旱调节剂黄腐酸，每隔10天左右喷1次，连喷2 ～ 3次。增施钾肥，喷施0.1% ～ 0.3%磷酸二氢钾或硫酸钾，连喷2 ～ 3次，能达到抗旱防日灼的效果。

（4）果实套袋　果实套袋可以防止日光直射，减少日灼的发生。

图7-24　玉米遮阴

四、干旱

1. 危害特点　猕猴桃根系分布浅，叶片蒸腾旺盛，对土壤缺水极其敏感，最怕高温干旱。7 ～ 8月高温季节遭遇持续干旱，常造成猕猴桃叶片萎蔫枯焦，叶片脱落，果实停止生长，严重时植株死亡（图7-25至图7-27）。在花芽分化期持续干旱不利于花芽分化，果实膨大期持续干旱常影响果实生长且易落果。

图7-25　叶片萎蔫

图7-26　叶片脱落

图7-27　夏季干旱严重，导致植株受旱死亡

2. 预防措施

（1）保证水源充足　建园时要保证有充足的水源和灌溉条件，满足猕猴桃的需水要求。

（2）及时灌溉　在5～6月新梢、叶片旺盛生长和开花坐果的关键时期及时灌水，降雨少的7～8月也要灌溉。

(3) 采用果园生草和覆盖等方式蓄水保墒 果园生草或留草，特别进入6月后就要减少果园除草等农事操作。可以选用秸秆、锯末、绿肥和杂草等材料覆盖，早春时开始覆盖，夏季高温来临前结束，厚度在20厘米左右。覆盖方式有树盘覆盖、行间覆盖和全园覆盖，可因地制宜地选择合适的覆盖方法。

五、涝灾

一般南方猕猴桃产区由于地下水位高，降水量大，容易发生涝灾；北方猕猴桃产区容易在秋季雨期发生涝灾（图7-28）。

图7-28 猕猴桃园遭受涝灾

1. 危害特点

(1) 机械损伤 8～10月天气突降暴雨或连续阴雨，容易引起涝灾。暴雨可使嫩枝折断，叶片破碎或脱落，果实因风吹摆动而被擦伤。

图7-29　猕猴桃园涝灾造成植株死亡

（2）积水引发病害　连续阴雨引起猕猴桃根系呼吸不良，易发生根腐病，长期积水可造成叶片黄化早落，严重时植株死亡（图7-29）。

（3）裂果　降水量大，加快了果实膨大，易发生裂果现象。

2. 发生规律　涝灾主要由于地下水位过高、雨季降雨偏多，导致积水过多而造成危害。一般低洼地、排水不通畅和水位高的果园发生严重。南方降雨较多的地区也发生严重。暴雨和冰雹在部分地区强对流天气易发地区危害严重，必须做好预防工作。

3. 预防措施

（1）科学选址　选水位低，排水通畅的地块建园，避开低洼地。

（2）高垄栽培　在地下水位比较高、多雨等易发生涝害的果园，采用高垄栽培。

（3）建好排水设施　地下水位比较高、雨水较多的猕猴桃产区，要建设好排水设施，在果园行间和四周都要开挖排水沟，比如安装抽水设备，一旦发生洪涝能及时排干园子里的积水，保护根系免受损伤。

（4）避雨栽培　降雨较多的地区可以建设防雨棚等避雨设施，进行避雨栽培。

（5）提前预防　对于时常有暴风雨发生的地区，注意天气预报，提前做好预防工作。

4. 灾后急救措施

（1）及时排水　及时排出果园积水，清除淤泥，防止树体浸水时间过长而死亡。特别是地势较低、容易积水的果园可以使用排水泵排出积水。

（2）涝灾过后加强果园管理　一是做好地面管理，及时对树盘进行中耕松土，使土壤疏松透气，促进根系恢复正常生理活动；二是做好架面管理，及时夏剪疏除过密的枝蔓，增强果园通风透光能力，降低湿度，减轻病害发生。

（3）做好病虫害防治工作　涝灾会使果园土壤积水，降低土壤的通透性，造成土壤缺氧，容易发生根腐病，同时果园湿度增加，树体受灾后抗性降低，高温、高湿条件下也易发生褐斑病等叶部病害。所以要及时调查，及早发现，及早采取药剂防治措施。

六、冰雹

猕猴桃生长季节遭受强对流天气，同时容易伴随暴雨和冰雹，严重损伤猕猴桃树体、枝蔓、叶片、花蕾和果实，造成严重经济损失。例如，2019年4月21日贵州修文猕猴桃产区遭遇冰雹袭击，受灾果园损失严重。在易发生冰雹的产区，一定要做好冰雹灾害的预防工作。

1. **危害特点**　主要是冰雹高空落下造成砸伤。猕猴桃在生长季节遭受冰雹天气会严重损伤植株、枝蔓、叶片、花蕾和果实等，轻则部分枝蔓、叶片和果实受损，枝蔓打折、果实砸伤；重则枝蔓、叶片和果实遭受冰雹打击，造成大量枝蔓折断和落叶落果现象，甚至严重时，整个树上伤痕累累，枝蔓、叶片和果实全部打落在地，同时冰雹砸到地上造成土壤板结，透气性差，影响植株生长，损失严重（图7-30至图7-33）。

图7-30　冰雹损伤猕猴桃枝叶和花蕾

图7-31　冰雹损伤猕猴桃枝蔓和叶片

图 7-32　冰雹损伤猕猴桃叶片和果实

图 7-33　冰雹打光猕猴桃的叶片和果实，甚至部分枝蔓被砸断

2. 预防措施

（1）科学选址建园　根据当地冰雹发生规律，避免在冰雹多发区和冰雹带建园。

（2）架设防雹网等设施防护　在冰雹多发区建园，最好的预防措施就是架设果园防雹网，将果树遮盖住，避免冰雹砸伤。

（3）人工防雹　冰雹对猕猴桃造成的损失严重，在冰雹等强对流天气易发地区，要根据天气预报做好人工防雹工作。比如用防雹高炮向云层发射防雹弹，化雹为雨等。

3. 灾后急救措施　冰雹对猕猴桃造成的危害损失严重，在冰雹等强对流天气易发地区，一方面要根据天气预报，做好预防，开展人工防雹工作；另一方面，遭受冰雹袭击后要及时开展救灾工作。

（1）及时排涝　冰雹属于强对流天气，一般都伴随着大雨，甚至暴雨，灾后要及时排涝。地势较低、排水不畅的果园，需开挖排水沟或使用排水泵，尽快排出果园积水，清除淤泥，以免影响根系呼吸。

（2）及时清园　及时清理残枝、落叶、落果。重灾果园，要尽快清理果园内的落叶、落果等，疏除砸断和砸折的受伤枝蔓，尽量保留树体叶片，促进树体恢复。折断的枝蔓从折断处稍向下短截。留存的枝蔓，剪除顶端幼嫩部分，促进新梢成熟。剪除被折断的树枝、新梢等。摘除砸伤的果实。调整棚架后，梳理枝蔓。选留基部位置合适的新发枝梢，培养长势中庸的更新结果母枝。修剪伤口要平滑，剪口和修剪工具要消毒。

（3）及时喷药　雹灾过后造成果实和枝叶受伤破损，形成大量的伤口，树体受伤可造成抗病能力下降，容易感病，因此灾后尽快全园喷药保护伤口，促进伤口愈合，防止病原菌入侵感染。保护伤口，预防溃疡病，可喷施3%中生菌素水剂600 ～ 800倍液、2%春雷霉素水剂600 ～ 800倍液或50%氯溴异氰尿酸1 000倍液等。

（4）及时追肥　叶片被冰雹砸伤后，养分的合成受阻，创伤愈合需要养分，灾后气候转晴后趁地湿，抓紧时间抢施一次速效氮肥和磷肥，增加树体营养，促进根系恢复生长，促发新枝，促进树体恢复。可以叶面喷0.3%尿素或磷酸二氢钾，也可喷施芸薹素、碧护等生长调节剂和氨基酸螯合肥、稀土微肥或磷酸二氢钾等速效营养液，采用低浓度多次叶面喷施为宜。

(5) 及时中耕　受冰雹冲击后果园地块容易板结，通透性差，影响根系生长和吸收，因而要对受灾果园进行中耕，修复和增强根系的呼吸和吸收能力。要及时对树盘进行中耕松土，破除土壤板结，提高透气性，确保土壤养分供给，使根系恢复正常生理活动。注意松土时不能伤根。中耕深度以10 ～ 20厘米为宜。坡地的猕猴桃园要及时培土固根，防止因雨水冲刷而造成根须裸露，从而影响根系生长。

第 8 章
病虫害防治

猕猴桃溃疡病　细菌性病害

猕猴桃溃疡病具有隐蔽性、爆发性和毁灭性，目前在猕猴桃产区有逐步加重之势，已经成为威胁全球猕猴桃生产中最严重的病害。

【症　　状】猕猴桃溃疡病主要危害树干、枝蔓，严重时造成植株、树干、枝蔓枯死，也可危害叶片和花蕾。危害树干后首先从芽眼、叶痕、皮孔、果柄、伤口等处溢出乳白色菌脓，病斑皮层出现水浸状变色，逐渐变软呈水浸状下陷，后褐色腐烂。进入伤流期，病部的菌脓与伤流液混合从伤口溢出变为锈红色，皮层腐烂，病斑扩展绕茎一圈导致发病部以上的枝干坏死，也会向下部扩展导致整株死亡。猕猴桃溃疡病病原菌入侵猕猴桃枝蔓后，可以沿皮层与木质部之间传输危害，导致猕猴桃芽染病死亡不能萌发。后期发病严重时，幼嫩的枝蔓髓部充满菌脓，病原菌也可以在木质化程度高的主干和主蔓的木质部导管间传播，导致切口木质部溢脓（图8-1至图8-15）。

图8-1　田间发病情况

图8-2　枝蔓发病症状

图8-3　枝蔓发病初期出现乳白色菌脓

图8-4　枝蔓发病后菌脓变为黄色

图8-5　枝蔓发病后期菌脓混合伤流液变为锈红色

图8-6　主干染病初期病斑下皮层出现水渍状变色

图8-7　主干木质部溢脓

图8-8　主干染病后期病斑下皮层褐色腐烂

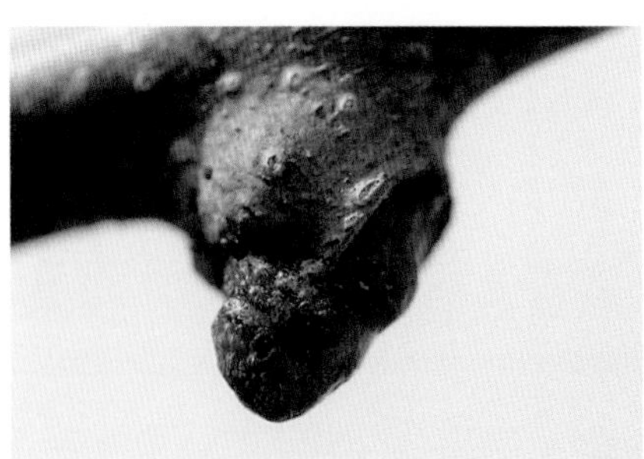

图8-9　芽萌发前染病

图8-10　萌发的芽染病

图8-11　叶痕染病溢脓

图8-12　果实采后果柄染病溢脓

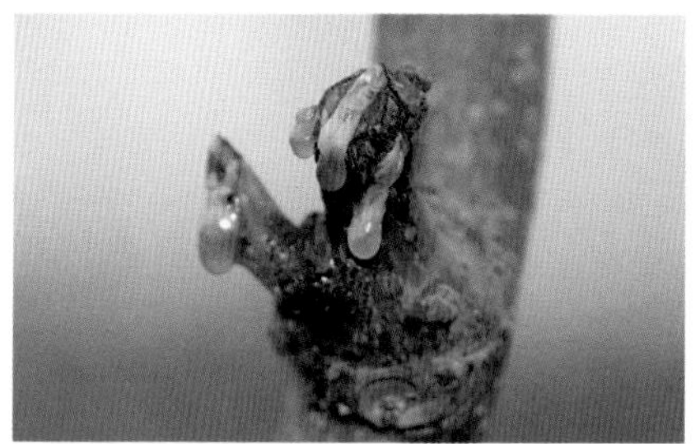

图8-13　枝蔓上的剪伤口染病后溢脓

图8-14　病蔓后期水分供应不足死亡

图8-15　植株死亡

叶片染病后先呈现水浸状褪绿小点，后扩展成不规则形或多角形褐色病斑，边缘有明显的淡黄色晕圈。叶片对光观察，黄色晕圈明显。湿度大时病斑湿润并可溢出菌脓。在连续阴雨低温条件下，病斑扩展很快，有时也不产生黄色晕圈。发病后期多角形病斑周围黄色晕圈消失，叶片上病斑相互融合形成枯斑，叶片边缘向上翻卷，最后干枯死亡，但不易脱落（图8-16至图8-20）。

花蕾受害后变褐色，不能开花，花蕾表面溢脓，后期枯死；新梢发病后变黑枯死（图8-21、图8-22）。

图8-16　染病初期叶片背面出现水渍状病斑

图8-17　染病初期叶片正面染病症状

图8-18　叶片背面染病症状

图8-19　叶片对光观察，黄色晕圈明显

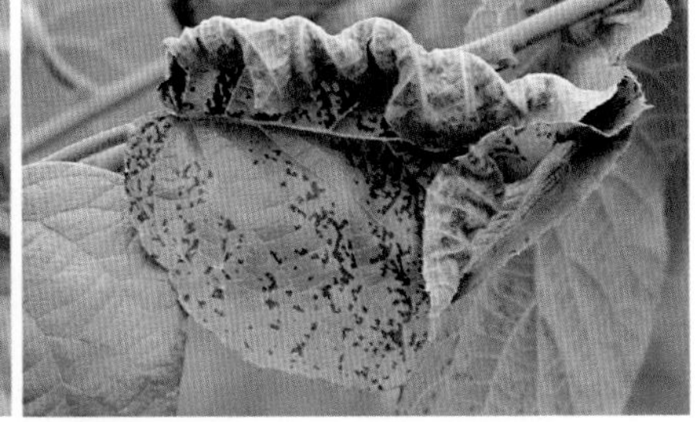

图8-20　叶片边缘向上翻卷

图8-21　花蕾染病后变褐色

图8-22　花蕾染病后溢脓

【病　　原】猕猴桃溃疡病病原为丁香假单胞杆菌猕猴桃致病变种[*Pseudomonas syringae* pv. *actinidiae*，简称PSA]，属于薄壁菌门变形菌纲假单胞菌科假单胞杆菌属。细菌菌体短杆状，单细胞，大小为（1.4 ~ 2.3）微米×（0.4 ~ 0.5）微米，鞭毛单极生1 ~ 3根。革兰氏染色阴性，无荚膜，不产芽孢。叶片染病后组织切片在低倍显微镜可以观察到溢脓现象（图8-23）。

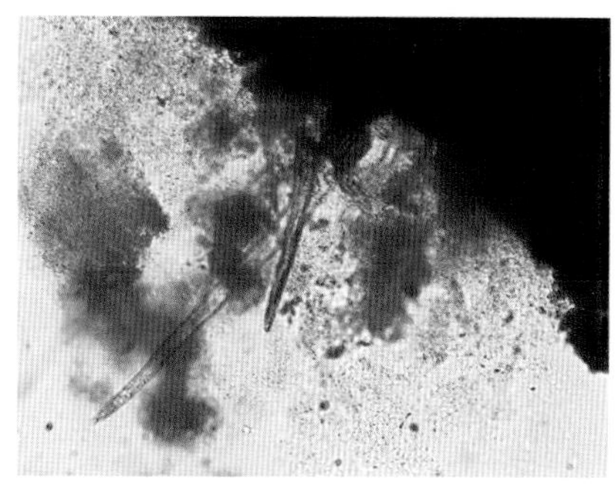

图8-23　猕猴桃叶片染病组织切片溢脓状

【发病规律】猕猴桃溃疡病原细菌主要在树体病枝上越冬，也可以随病枝、病叶等残体在土壤中越冬。2月上旬至3月上旬在田间出现溃疡病症状，3月中旬至4月中旬出现发病高峰期，主要危害主干、主蔓和结果母枝。4月中下旬后随着温度升高，枝干上的病情发展趋势缓慢直至基本稳定。到了秋季9月中旬病情再次出现一次小高峰，主要危害秋梢和叶片。

病原菌主要通过风雨、昆虫及农事操作传播，由植株的气孔、皮孔以及伤口（虫伤、冻伤、刀伤等）侵入，远距离传播主要依靠人为调运苗木、接穗等活体实现（图8-24至图8-29）。在传染途径上，一般是从枝干传染到新梢、叶片，再从叶片传染到枝干。

图8-24　PSA菌脓随风雨传播

图8-25　PSA病菌随伤流液沿主干传播

图8-26　斑衣蜡蝉刺吸危害传播PSA

图8-27　果园蝇类舐吸携带PSA传病

图8-28　PSA可以在枝蔓皮层与木质部之间传播

图8-29　PSA通过接穗带毒嫁接传病

猕猴桃细菌性溃疡病一年中有两个发病时期：一个是春季伤流期，此时发病最重，伤流期中止后，气温升高，病害停止扩展。另一个是秋季果实成熟前后，但仅秋梢叶片上有症状表现。

猕猴桃溃疡病属于低温高湿性病害，低温高湿有利于病害的发生。15 ～ 25℃是病原菌的发育最适温度。气温超过25℃发病速度减缓，大于30℃时基本停止繁殖扩展（图8-30）。春季旬均温10 ～ 14℃，如遇大风雨或连日高湿阴雨天气，病害易流行。地势高的果园风大，植株枝叶摩擦造成的伤口多，有利于细菌传播和侵入。低温冻害在树体上造成伤口，利于病菌侵入，如果先年出现冻害，次年春季溃疡病的发生重（图8-31）。

田间管理良好的果园发病轻，而管理粗放、树体营养不良的发病明显较重。以施用优质有机肥为主、化肥为辅，或配合施用氮、磷、钾三元复合肥的果园发病较只单纯使用化肥，尤其单纯施用氮肥的轻；灌水

图8-30 气温升高超过30℃后PSA病斑停止扩展，菌脓变干，不再流脓

图8-31 主干冻伤后易感染

过多、树体虚旺、树冠郁闭的果园以及土层浅薄或土壤黏重的果园发病较重；滥用膨大素、树体负载量过大的果园发病较重；果园中其他病虫害如叶蝉危害较重的果园发病重。

抗病品种发病轻，感病品种发病重。美味猕猴桃有一定抗病性，中华猕猴桃大多不抗病。长势弱的品种发病较重，长势旺的品种发病较轻。

【防治方法】

猕猴桃溃疡病的防治对策是预防为主、综合防治、周年防控。坚持防重于治的原则，预防是防治溃疡病的关键，防治上要早发现、早治疗。

（1）严格检疫，防止病菌传播扩散　栽植的猕猴桃苗木和接穗严禁从病区引进，对外来苗木要进行消毒处理。

（2）培育栽植抗病品种，应用抗病性强的砧木　猕猴桃溃疡病防治难，要控制猕猴桃溃疡病危害，应该加强抗病品种和砧木选育。在发病严重的地区新建园时栽植抗病性强的品种。生产上抗病的优良品种有海沃德、金魁、徐香等。中华猕猴桃红阳、黄金果等品种高感溃疡病，重病区和管理水平不高应慎重发展。

（3）加强科学栽培管理，增强树体抗病能力

①科学栽培管理，平衡施肥，增施有机肥、磷钾肥。平衡配方施肥，以充分腐熟的有机肥为主，增施微生物菌肥，减少化肥用量。采果后要及时施足基肥，膨大期喷施叶面肥补充营养。适当追施钾、钙、镁、硅等提高植物抗性的矿质肥料，生长后期控制氮肥的使用，增施磷钾肥。大量使用生物有机肥及生物菌剂肥。

②合理负载，平衡营养生长与生殖生长，增强果树抗病能力。合理负载产量，保持生长与结果平衡，才能增强树势，提高抗病能力。根据树势和目标产量确定适宜的负载量，搞好疏蕾、疏花和疏果工作。一般盛果树将亩产量控制在美味猕猴桃2 500 ～ 3 000千克，中华猕猴桃1 000 ～ 2 000千克。禁止使用膨大剂等植物生长调节剂，防止出现大小年，从而影响树势均衡。

③科学整形修剪，合理灌排水，合理控制果园环境湿度。科学整形修剪，做好冬季和夏季整形修剪，保持合理的叶幕层，架下呈花筛状，增强果园通风透光能力，降低果园湿度。根据猕猴桃需水规律及降雨情况适时灌溉，伤流前期少灌水或不灌水，以免加重病害发生。

（4）清除田间菌源　冬季及时彻底清园，清除越冬菌源。结合冬季

修剪，剪除病虫残枝，刮除树干翘皮，将残体、枯枝、落叶、僵果等全部清理出园，集中焚烧深埋或沤肥，使园内无病残体遗留。冬季树干涂白也可减少树干上的病原菌量。

（5）切断入侵传播途径

①严禁栽植带菌苗木和病园采集接穗。接穗可用中生菌素、春雷霉素等抗生素200～300倍液等浸泡20～30分钟彻底消毒后再嫁接（图8-32）。

②做好果园管理。进出果园的人员和机械要做好消毒工作。

③合理修剪，及时保护伤口，防止二次浸染。根据当地实际，适时冬季修剪，保证进入伤流期时修剪口可以痊愈；果园合理修剪，以减少伤口，尤其在伤流期尽量不要修剪，以防止病菌的传染。新旧剪口、锯口或伤口，先用5%菌毒清水剂或可湿性粉剂100倍液进行伤口消毒（图8-33），然后涂抹伤口保护剂或油漆封闭伤口，防止病菌侵入。

图8-32　接穗消毒

图8-33　剪口消毒封口

④工具严格消毒（图8-34）。剪刀、锯子及嫁接刀等修剪嫁接工具要用酒精、甲醛或升汞液严格消毒，也可使用200～300倍液的抗生素或铜制剂药液浸泡消毒。最好使用两套修剪工具，随带消毒桶，一套放入消毒，一套修剪，剪完一株后将用过的修剪工具放入桶中消毒，再用消过毒的另一套工具继续修剪，如此交替，既不影响修剪速度，也能充分消毒防止交叉感染。

图8-34　修剪工具消毒

⑤防治刺吸式口器昆虫危害。在秋季9 ～ 10月与春季4 ～ 5月及时喷药防治园内叶蝉、斑衣蜡蝉和蝽等刺吸式口器害虫，尤其幼园要做好防治工作，避免树体受伤，减少猕猴桃溃疡病的传播途径。

(6) 加强树体防冻措施　冻害能加重病害的发生，生产中应注意中、长期的天气预报，提前做好准备，在寒潮来临时及时防冻。

①树干涂白。涂白不但能够减小昼夜温差，防止温度急剧变化导致树体受损，同时还可在树体表面形成一层保护膜，阻止病菌侵入。在秋季落叶后至土壤解冻前，主干和大枝全面刷白。涂白剂的配制比例为：生石灰10份、石硫合剂2份、食盐1 ～ 2份、黏土2份、水35 ～ 40份。

②包干。用稻草等秸秆等对猕猴桃主干进行包干处理（图8-35）。特别注意包干材料一定要透气。

③喷施抗冻剂。可减轻冻害冻伤，从而减少该病的发生。

④果园灌水、喷水。

⑤果园放烟（图8-36)。当寒潮即将来临时，在园内上风口点燃提前准备好的发烟物如锯末或发潮的麦草等，使烟雾笼罩整个果园，可有效防止温度骤降。

图8-35　包　干

图8-36　果园放烟

(7) 药剂防治

①关键时期及时喷药预防。秋季采果后、初冬落叶后和冬季修剪后是猕猴桃溃疡病预防的3个关键时期，应及时进行喷药预防。可选用中生菌素、梧宁霉素、氢氧化铜、噻霉酮、噻菌铜等，如20%叶枯唑可湿性粉剂800 ～ 1000倍液、45%代森铵水剂（施纳宁）200 ～ 300倍液、20%乙酸铜可湿性粉剂600 ～ 800倍液等，可全园喷雾、整株喷淋或涂

抹树干。在生长季节和秋季采果后的9 ~ 10月及时选用低毒、低残留、高效的化学农药或生物农药防治园内叶蝉、斑衣蜡蝉和蝽等刺吸式口器害虫，避免树体受伤，减少猕猴桃溃疡病传播。

②早春初侵染关键期及时检查及早防治。一般在秦岭北麓猕猴桃产区，1月上中旬至2月上中旬是猕猴桃溃疡病的初侵染的关键时期（南方产区可能更早些），田间发病的主要症状是出现乳白色菌脓点。这段时间要在果园仔细检查，一旦发现染病植株要及时采取措施进行防治。

③春季发病高峰期及时局部刮治，全园喷雾防治。春季2月下旬至4月中旬是猕猴桃溃疡病的发病高峰期，应根据果园发病情况及时防治。可用45%代森铵水剂（施纳宁）150 ~ 200倍液，70%氢氧化铜可湿性粉剂800 ~ 1 000倍液，中生菌素、春雷霉素等抗生素600 ~ 800倍液，3%噻霉酮可湿性粉剂，20%噻菌铜悬浮剂500 ~ 800倍液或95% CT（细菌灵）原粉2 000倍液全园喷雾，每隔7 ~ 10天1次，连喷2 ~ 3次，严重时连喷3 ~ 4次。展叶期是溃疡病危害叶片的关键时期，可选用上述药剂喷雾防治。

对于主干、枝条上的初发菌脓斑等采取刮治，用小刀刮除后用60%琥铜·乙膦铝可湿性粉剂50倍液、抗生素300倍液、21%过氧乙酸水剂2 ~ 5倍液或50%氯溴异氰尿酸可湿性粉剂50倍液将伤口仔细涂抹一遍。对于一、二年生病枝和对多主蔓上架的中华猕猴桃品种主干感病后一律剪除，同时处理伤口。将剪下的病枝和刮下的病斑树皮带出园外烧毁。同时对剪子、刮刀等要用酒精、甲醛或升汞液消毒。刮治一般在伤流前或伤流后进行。对于大的主干或主蔓发病特别严重，发病部位病斑面积大，也可采取划道的办法，将病斑纵向用小刀划几个道，然后涂药使药剂能迅速进入发病组织杀灭病菌，促使树体恢复。

温馨提示

药剂进行喷施防治时，主干、枝蔓和叶片均匀周到喷施。药剂要轮换使用，防止猕猴桃溃疡病产生抗药性。萌芽期喷雾必须慎重，合理科学用药如石硫合剂要注意使用的浓度，铜制剂要注意高温30℃以上和雨季不能使用，避免产生药害。喷雾时可以使用增效剂，增加渗透力和黏着力，以提高药效。防治时要统一、彻底，消灭传染源，防止果园间相互传播。

猕猴桃疫霉根腐病　真菌性病害

该病又叫猕猴桃烂根病。

【症　　状】 该病主要危害猕猴桃根系，发病时先危害根的外部，后扩大到根尖，或从根颈部先发病，主干基部和根颈部产生圆形水渍状病斑，逐渐扩展为暗褐色不规则形，皮层坏死，内呈暗褐色，腐烂（图8-37）。病斑均为褐色水渍状，腐烂后有酒糟味。严重时，根部腐烂（图8-38）或病斑环绕茎干引起坏死，导致水分和养分运输受阻使植株死亡。地上部表现为萌芽晚，叶片变小、萎蔫，梢尖死亡，严重者芽不萌发或萌发后不展叶，最终植株死亡（图8-39）。

图8-37　根颈部呈暗褐色腐烂

图8-39　猕猴桃根腐病造成植株枯死

图8-38　根部腐烂

【病　　原】 猕猴桃疫霉根腐病的病原为恶疫霉菌[*Phytophthora cactorum* (Leb et Cohn) Schort.]，属鞭毛菌亚门霜霉目卵菌纲腐霉科疫霉属真菌。菌丝形态简单，粗细较均匀，未见菌丝膨大体。孢子囊顶生，近球形或卵形，大小为（33～40）微米×（27～31）微米，有一明显乳突。孢子囊成熟脱落，具短柄。游动孢子肾形，大小为（9～12）微米×(7～11）微米，鞭毛长21～35微米。休止孢子球形，直径9～12微米。厚垣孢子不常见。藏卵器球形，壁薄滑，无色，柄棍棒状。雄器近球形或不规则形，多侧生，偶有围生。卵孢子球形，浅黄褐色，直径26～33微米。

【发生规律】猕猴桃疫霉根腐病属土传病害。病菌以卵孢子、厚壁孢子和菌丝体随病残体在土壤中越冬。春末夏初有降雨时卵孢子、厚壁孢子释放游动孢子，随雨水或灌溉水传播进行再侵染。夏季根部被侵染10天左右发生大量菌丝体形成黄褐色菌核，7～9月严重发生，10月以后停止。土壤黏重或土壤板结，透气不良，土壤湿度大，积水或排水不畅，高温、多雨时容易发病。幼苗栽植埋土过深，生长困难，会导致树势不旺，易感病。营养不足、栽植过浅冬季易受冻害，施肥锄草过深伤根都易导致病菌入侵而发病。嫁接口埋于土下和伤口多的果树易发病。地势低洼，排水不良的果园发病重。根部冻伤、虫伤及机械损伤等伤口愈多，病害愈重。

【防治方法】

(1)*科学建园* 建园时选择排水良好的土壤，避免在低洼地建园。建园的土壤pH值必须低于8。在多雨季节或低洼处采用高垄栽培。不栽病苗，栽植深度以土壤不埋没嫁接口为宜。施用充分腐熟的有机肥，防止肥害伤根发病。

(2)*加强田间管理* 生产上要多施有机肥改良土壤，增加土壤的通透性。保持果园内排水通畅，不积水。灌水时最好采用滴灌或喷灌，切忌大水漫灌。旋地和施肥的深度不要超过25厘米，这样可避免根部受伤。栽植过深的树干要扒土晾晒嫁接口，以减轻病害发生。发现病株时，将根颈部的土壤挖至根基部检查，发现病斑后，沿病斑向下追寻主根、侧根和须根的发病点。仔细刮除病部及少许健康组织；对整条烂根，要从基部锯除或剪掉。去除的病根带出园外深埋或烧毁。

(3)*药剂防治* 该病防治的关键是早发现。发病初期及时扒土晾晒，并选用50%代森锌可湿性粉剂200倍液、50%多菌灵可湿性粉剂500倍液、30%噁霉灵水剂600倍液、30%甲霜噁霉灵可湿性粉剂600倍液或

70%代森锰锌可湿性粉剂 0.5千克加水200千克灌根，每树可灌2 ~ 3千克药液，每隔15天灌1次，连灌2 ~ 3次。严重发病树，刨除病树烧毁，及时对根部土壤消毒处理。

猕猴桃根朽病 真菌性病害

该病又叫猕猴桃假蜜环菌根腐病。

【症　　状】 猕猴桃根朽病主要危害根颈部、主根、侧根。发病初根颈部皮层出现黄褐色水渍状斑，后变黑软腐，韧皮部和木质部分离，易脱落，木质部变褐腐烂。树体基部现黑褐色或黑色根状菌索或蜜环状物，病根皮层和木质部间出现白色或浅黄色菌膜引起皮层腐烂，后期木质部受害逐渐腐烂。土壤湿度大时，病害迅速向下蔓延发展，导致整个根系变黑腐烂，流出棕褐色液体，木质部由白色转变为茶黄色、褐色至黑色。地上树势衰弱，枝梢细弱，叶小色淡变黄，严重时叶片变黄脱落，植株萎蔫死亡。

【病　　原】 猕猴桃根朽病原为假蜜环菌[*Armillariella tabescens* (scop.ex Fr.) Sing.]，属于担子菌门层菌纲伞菌目口蘑科小蜜环菌属。菌丝体一般以菌丝和菌索形式存在。子实体丛生，菌盖黄褐色，衰老后锈褐色，盖面不黏，呈扁球形，逐渐平展，边缘干后稍内卷，菌肉乳黄色，中央较厚，菌褶与菌盖近色，稍稀，柄中生，圆柱形，上部有纤毛，内实松软，纤维质，菌柄长3 ~ 5厘米。担子棒状，向基部渐狭窄，大小为（25 ~ 38）微米 ×（5 ~ 8.8）微米。孢子无色、光滑，近球形或宽椭圆形，大小为（7.5 ~ 10）微米 ×（5.0 ~ 6.3）微米。

【发病规律】 猕猴桃根朽病以菌丝体或菌索在土中寄主植物病残组织中越冬。主要靠病根或病残体与健根接触，从根部伤口或根尖侵入，向邻近组织蔓延发展。侵入根部的菌丝群穿透皮层分解纤维素，使根部皮层组织腐烂死亡，还可进入木质部。在猕猴桃根系生长延伸过程中，与被感染密环菌在土壤和树桩接触后即被侵入。4月开始发病，7 ~ 9月是发病盛期。发病株一般1 ~ 2年后死亡。在土壤黏重，排水不良，湿度过大的果园较重。老果园发病重。

【防治方法】

(1) 加强管理，增强树势　增施有机肥，改良土壤透气性。对地下水位高的果园，采用高垄栽培，并做好开沟排水工作，尤其雨后要及时排水，防止长时间淹水。发病严重时及早挖除，并对土壤进行消毒。

(2) 及早发现，及时清除病根，并进行药剂防治　对整条腐烂根，应从根基砍除，并细心刮除病部，直至将病根挖除，用1～2%硫酸铜溶液消毒，或用40%五氯硝基苯粉剂配成1 ： 50的药土，混匀后施于根部，或用50%的代森锌200倍液浇灌，用药量因树龄而异，盛果期大树用药量0.25千克。对感病的土壤可撒石灰或40%甲醛消毒。最好用沙土更换根系周围的土壤。

猕猴桃白绢根腐病

真菌性病害

【症　　状】猕猴桃白绢根腐病从苗期到成株期均可受害，苗期受害严重。主要危害根颈及其下部30厘米内的主根。根部发病初期，病部暗褐色，长满绢丝状白色菌体（图8-40），菌丝辐射状生长包裹住病根，四周土壤空隙中也充溢白色菌丝，后期菌丝结成菌索直至产生菌核。菌核初期为白色松绒状菌丝团，后变为浅黄色、茶黄至深褐色，同时菌核变坚硬。猕猴桃植株地上部发病轻时无明显症状；严重时出现萎蔫，生长衰弱，逐渐死亡。

图8-40　猕猴桃白绢根腐病根部症状

【病　　原】猕猴桃白绢根腐病的病原为齐整小核菌[*Sclerotium rolfsii* Sacc.]，属半知菌亚门无孢菌群小菌核菌属真菌。菌丝体白色透明，较纤细，分枝不成直角，具隔膜。在PDA上菌丝体白色茂盛，呈辐射状扩展。菌核表生，初呈乳白色，略带黄色，后为茶褐色或棕褐色，圆形、扁圆至椭圆形，表面粗糙，散生，大小（1.5～2.9）毫米 ×（0.5～0.6）毫米。

【发病规律】猕猴桃白绢根腐病菌以菌丝、菌索和菌核在寄主病残组织或土壤中越冬，翌年春季条件适宜时，萌发出新菌丝从植株茎基部伤口或直接入侵，也能通过流水扩散传播。6 ~ 8月夏季高温期容易发病。沙质土和黏性土果园发病重。地势低洼、排水不良、土壤潮湿的果园易发病。高温、高湿、连阴雨条件容易发病。严重时地上植株叶片大量脱落，逐渐枯死。

【防治方法】

(1) *科学建园* 建园时选择排水良好的土壤，避免在低洼地建园。多雨地区或低洼处采用高垄栽培。不栽植病苗。

(2) *加强管理，增强树势* 多施有机肥，增施磷钾肥，改善土壤透气性，提高植株抗病力，有利于减轻病害。果园种植矮生绿肥，防止地面高温灼伤根颈部，以减少发病。开好排水沟，雨季无积水，降低田间湿度。

(3) *及早发现，及时防治* 栽植苗木时可用45%代森铵水剂400倍液或40%菌毒清水剂200倍液浸泡根部后栽植。发现病株及时清除病根，刨开根茎部土壤晾晒，可用21%过氧乙酸水剂150倍液、15%噁霉灵水剂450倍液、40%甲醛水剂100倍液、50%根腐灵可湿性粉剂600倍液、45%代森铵水剂600倍液、50%多菌灵可湿性粉剂500倍液或70%甲基硫菌灵可湿性粉剂800倍液浇灌到根颈基部土壤。发病严重的植株及时挖除，清理土壤中残留病根组织，带出园外烧毁，并进行土壤消毒处理。

猕猴桃根癌病 细菌性病害

【症　　状】发病初期主要在侧根和主根上形成球形或近球形的多个瘤体，乳白色至红白色，表面光滑，多个瘤体汇合后呈不规则根瘤，并变为深褐色，表面粗糙，质地较硬（图8-41）。有些瘤体中间有裂痕。患病植株根系吸收功能受阻。幼苗受害后叶片黄化，植株矮化；成龄树感染此病后树势变弱、果实小、产量低，甚至因缺乏必要的营养而死亡。

图8-41　猕猴桃根癌病根部症状

【病　　原】猕猴桃根癌病病原为根癌土壤杆菌（*Agrobacterium tumefaciens* Conn），属于细菌目根瘤菌科土壤杆菌属细菌。根癌土壤杆菌为革兰阴性菌，短杆状，大小为（0.6 ~ 1.0）微米 ×（1.5 ~ 3.0）微米，单个成对排列，以1 ~ 6根周生或侧生鞭毛运动。无芽孢。

【发病规律】猕猴桃根癌病病原菌自然条件下可长期在土壤中存活，带菌土壤是该病重要侵染源。病原菌经工具、雨水、地下害虫和人为传播，由嫁接伤口、虫伤或机械造成的伤口侵入，产生大量的生长素和细胞分裂素刺激细胞过度增殖，在植株根部和根颈部形成大小不一的瘿瘤。在碱性和黏重的土壤及湿度高的条件下发病重，酸性和透气性好的土壤发病轻。树龄愈大发病愈严重。品种间发病无明显的差异。管理水平高的果园发病生轻，管理水平低、地下害虫发生严重的果园发病较重。

【防治方法】

（1）加强苗木检疫　禁止带病苗木的调运。选择无病土壤作苗圃，不在疫区育苗，不连茬育苗。

（2）科学管理，增强树势　建园避免在碱性土壤和特别黏重的土壤上建园。生产上栽植无病种苗，应该避免伤根和防治地下害虫。

（3）苗木出圃时严格检查　发现病苗立即挖除烧毁，对可疑苗木要进行根部消毒，可用1%硫酸铜液浸泡10分钟或3%中生菌素可湿性粉剂等抗生素素100 ~ 200倍液浸泡20 ~ 30分钟，也可用30%石灰乳浸泡1小时后，用水冲净后定植。

（4）药剂灌根　结果树发病，扒开根颈部土壤，切掉刮净病瘤，然后药剂灌根。可以选用0.3 ~ 0.5波美度的石硫合剂、1 ： 1 ： 100波尔多液、3%中生菌素可湿性粉剂500 ~ 600倍液或用45%代森铵乳剂1 000倍液。每7 ~ 10天1次，连灌2 ~ 3次。发病严重时及早挖除，进行土壤消毒，并可局部换土。

猕猴桃根结线虫病　线虫性病害

【症　　状】猕猴桃根结线虫病主要危害根部，包括主根、侧根和须根，从苗期到成珠期均可受害。被害植株的根产生大小不等的圆形或纺锤形根结（根瘤）即虫瘿（图8-42），直径可达1 ~ 10厘米。根瘤初呈白色，表面光滑，后呈褐色，数个根瘤常合并成一个大的根瘤，外表

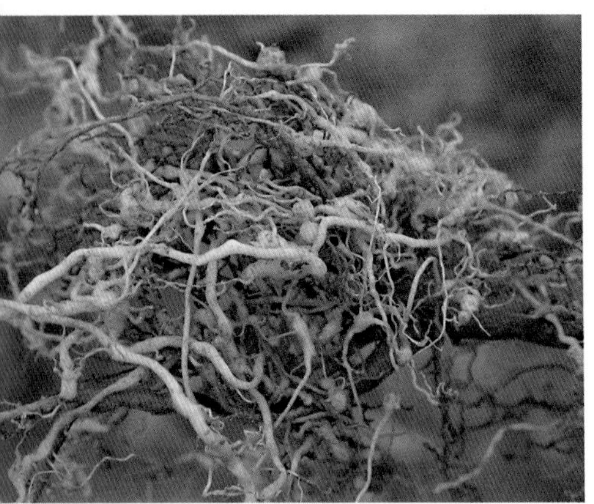

图8-42　猕猴桃根结线虫病危害形成的根结（根瘤）

粗糙。受害根较正常根短小，分杈少（图8-43），特别是有吸收功能的毛细根后期整个根瘤和病根变成褐色而腐烂，呈烂渣状散入土中。根瘤形成后，导致根部活力变小，导管组织变畸形歪扭而影响水分和营养的吸收，致使地上部表现缺肥、缺水的状态，生长发育不良，叶小发黄，没有光泽，树势衰弱，枝少叶黄，结果少，果实小，果质差，严重时整株萎蔫死亡（图8-44）。苗木受害轻时，生长不良，表现细弱、黄化，重时苗木枯死。

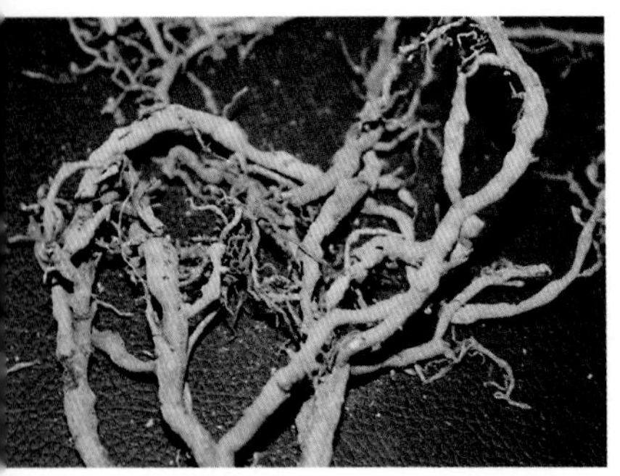

图8-43　受害根分杈较少

图8-44　植株枯死

【病　　原】 猕猴桃根结线虫病的病原是南方根结线虫（*Meloidogyne incognita* Chitwood），属于线形动物门垫刃目异皮科根结亚科根结线虫属。成虫雌雄不同，雌成虫为洋梨形，多埋藏在寄主组织内，大小为（0.44 ~ 1.59）毫米 ×（0.26 ~ 0.81）毫米。雄成虫无色透明，尾端稍圆，大小为（1.0 ~ 1.5）毫米 ×（0.03 ~ 0.04）毫米。幼虫均为细长线形。卵为乳白色，蚕茧状（图8-45）。

【发生规律】 猕猴桃根结线虫主要以卵囊或二龄幼虫在土壤中越冬，可存活3年之久。远距离的传播主要借助于灌水、病土、带病的种子、苗木和其他营养材料及农事操作等传播。幼虫多在土层5 ~ 30厘米处活动。当气温达到10℃以上时，卵开始孵化，二龄幼虫从根毛或根部皮层侵入，刺激幼根寄主细胞加速分裂形成瘤状物。经卵－幼虫－成虫3个阶段，直到落叶期根系进入休眠期越冬。土壤温度10℃以下和30℃以上对二龄幼虫的侵染和发育不利。土壤pH 4 ～ 8、土温20 ～ 30℃、土壤相对湿度40% ～ 70%有利于线虫的繁殖和生长发育。沙土中常较黏土发生重，连作地发病重。地势高燥、土壤质地疏松、盐分低等利于线虫病发生。猕猴桃根结线虫危害造成根系伤口有利于猕猴桃根腐病等病菌侵染，加重病害发生。

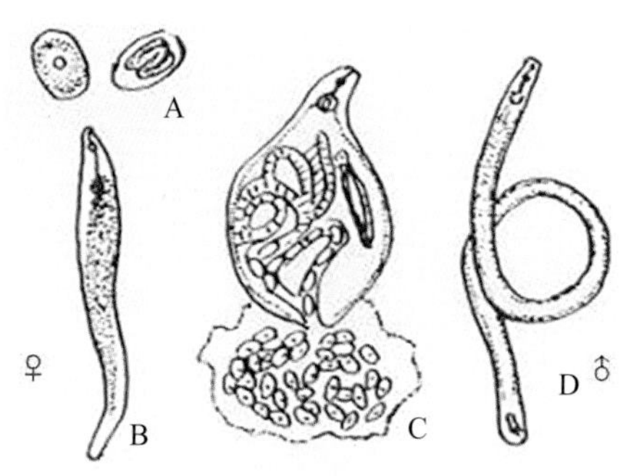

图 8-45 南方根结线虫形态图
（A.卵 B.幼虫 C.雌成虫 D.雄成虫）

【防治方法】

（1）*严格检疫* 严禁疫区苗木进入未感染区是预防的关键。不从病区引入苗木，新猕猴桃园栽种的苗木要严格检查，绝不用带线虫苗木。

（2）*选用抗线虫砧木，培育无病苗木* 应选用抗线虫砧木如软枣猕猴桃作砧木较抗病。苗圃不宜连作。

（3）*加强栽培管理* 增施有机肥，有机肥中的腐殖质分解过程中分泌一些物质对线虫不利，并有侵染线虫的真菌、细菌和肉食线虫。

（4）*病苗在栽植前及时处理* 发现有线虫危害的苗木坚决销毁，并对同来源的其他未显示害状的苗木及时处理，可用48℃温水浸根15分钟，可杀死根瘤内的线虫。或用10%灭线灵颗粒剂 1 000倍液浸泡根部30分钟，或0.1%的克线磷1 000倍液浸泡1小时，均可有效杀死线虫。发现已定植苗木带虫时，挖去烧毁，并将带虫苗木附近的根系土壤集中深埋至地面50厘米以下。

（5）*药剂防治* 果园发现根结线虫可用1.8%阿维菌素乳油 0.6千克/亩，兑水200千克浇施于病株根系分布区。也可用10%克线丹颗粒剂3 ～ 5千克/亩、10%克线磷颗粒剂3千克/亩、10%益舒宝颗粒剂3 ～ 4千克/亩、3%米乐尔颗粒剂4千克/亩或10%噻唑膦颗粒剂1.3 ～ 2.0千克/亩，与湿土混拌后在树盘下开环状沟施入或全面沟施，深度为3 ～ 5厘米，隔3周施1次，连施2次。土壤干燥时可适量灌水。也可用生防制剂淡紫拟青霉菌粉剂3 ~ 5千克/亩拌土撒施在病树周围，浅翻3 ~ 5厘米即可，或淡紫拟青霉菌粉剂500 ~ 800倍灌根，但注意不能与农药同时灌根施用。

猕猴桃花腐病 细菌性病害

【症　　状】猕猴桃花腐病可危害猕猴桃的花蕾、花、幼果和叶片，发病初期，感病的花蕾和萼片上出现褐色凹陷斑，后花瓣变为橘黄色，花开时变褐色，并开始腐烂，花很快脱落。受害轻时花虽能开放，但花药和花丝变褐或变黑后腐烂。受害严重时，花蕾不能开放，花萼褐变，花丝变褐腐烂，花蕾脱落。感病重的花苞切开后，内部呈水渍状、棕褐色。病菌入侵子房后，常常引起大量落蕾、落花，偶尔能发育成小果的，多为畸形果。花柄染病多从侧蕾疏除的伤口为入侵染病点，再向两边扩展蔓延腐烂，造成落蕾落花（图8-46至8-50）。受害叶片出现褐色斑点，逐渐扩大导致整叶腐烂，凋萎下垂。严重时引起大量落花落果，造成小果和畸形果，严重影响猕猴桃的产量和品质。

【病　　原】猕猴桃花腐病的病原为绿黄假单胞菌[*Pseudomonas viridiflava* Dowson]和萨氏假单胞菌[*Pseudomonas savastanoi*]。病原菌种类因地区而异。我国湖南和意大利主要为绿黄假单胞菌。我国福建、湖北及新西兰主要为萨氏假单胞菌。生产上发现，猕猴桃溃疡病病原菌PSA也可引起花腐病。

图8-46　花褐变、腐烂

图8-47　花蕾褐变

图8-48 花蕾干枯死亡

图8-49 花柄染病症状

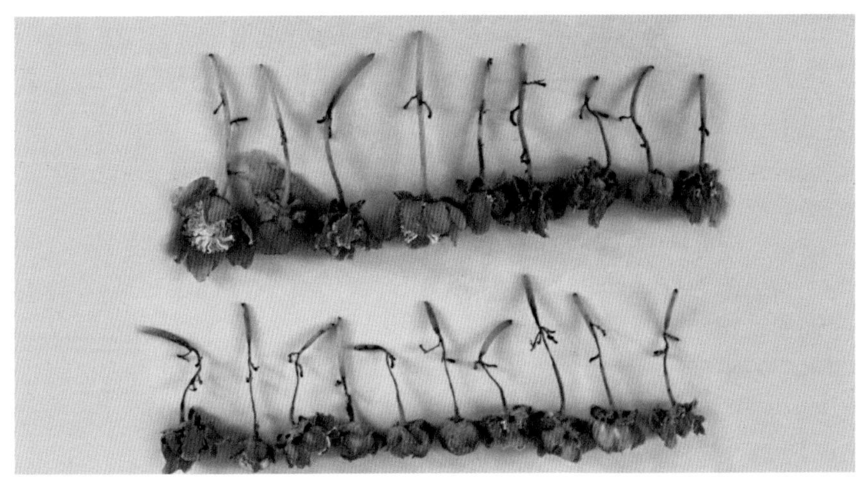

图8-50 猕猴桃花腐病危害花柄，不同发病程度的花蕾和花

绿黄假单胞菌为革兰阴性菌，杆状，大小为（0.5 ~ 0.6）微米 ×（1.5 ~ 3.0）微米，极生鞭毛1 ~ 4根，在金氏B平板上形成扁平、灰白色菌落，在紫外灯下发出淡蓝色荧光，苯丙氨酸脱氢酶阴性，过氧化氢酶、脲酶阳性，41℃不能生长。

萨氏假单胞菌为革兰阴性菌，杆状，大小为（0.5 ~ 1.0）微米 ×（1.5 ~ 3.0）微米，极生鞭毛1 ~ 4根，在KB平板上形成扁平、奶油状、灰白色的菌落，在紫外光下发出淡蓝色荧光，接种烟草产生过敏性坏死反应，接种马铃薯造成腐烂。

【发病规律】病菌在病残体上越冬，主要借风、雨水、昆虫、病残体及人工授粉在花期传播。其发生与花期的空气湿度、地形、品种等关系密切，花期遇雨或花前浇水，湿度较大或地势低洼、地下水位高，通风透光不良等都易发病。其严重程度与开花时间有关，花萼裂开的时间越早，病害的发生就越严重。从花萼开裂到开花时间持续得越长，发病也就越严重。雄蕊最容易感病，花萼相对感病较轻。

【防治方法】

（1）*加强果园管理，提高树体的抗病能力* 多施有机肥，增施磷钾肥，合理负载，增强树势。花期一般不灌溉，以免增加果园湿度，加重病害发生。雨季注意果园排水，保持适宜的温湿度，均能减轻病害的发生。

（2）*改善花蕾通风透光条件* 栽植密度不宜过大，对于成龄盛果期果园和过密的果园注意适宜间伐和修剪。合理整形修剪，花期如架面郁闭，及时疏除过密的枝蔓和过多的花蕾，改善通风透光条件。

（3）*捡拾病花、病果* 及时将病花、病果捡出猕猴桃园处理，减少病源数量。

（4）*药剂防治* 采果后至萌芽前对全园喷施80 ~ 100倍波尔多液清园。萌芽至花期可喷施2%中生菌素可湿性粉剂600 ~ 800倍液、2%春雷霉素可湿性粉剂600 ~ 800倍液、20%噻唑锌500倍液、46%氢氧化铜水分散粒剂（可杀得叁仟）1 000 ~ 1 500 倍液或20%叶枯唑可湿性粉剂800 ~ 1 000倍液喷洒全树，每10 ~ 15天喷1次。特别是疏除侧蕾（扳耳朵）后及时喷药保护疏蕾造成的伤口，防治细菌入侵感染。

猕猴桃褐斑病 真菌性病害

【症　　状】猕猴桃褐斑病主要危害叶片。发病初期在叶片边缘出现水渍状暗绿色小斑，后沿叶缘或向内扩展，多个病斑融合，形成不规则大褐斑（图8-51、图8-52）。病斑四周深褐色，中央褐色至浅褐色，其上散生或密生许多黑色小点粒（病原菌的分生孢子器）。多雨高湿条件下，病情扩展迅速，病斑由褐变黑，引起霉烂。叶面的病斑较小，3 ~ 15毫米，近圆形至不规则形，病斑透过叶背，呈黄棕褐色。高温时被害叶片向叶面卷曲（图8-53），病斑呈黄棕色，易破裂，干枯易脱落。

病斑发病后扩展迅速，会造成大量落叶（图8-54）。尤其在果实成熟后期，发病严重时，叶片完全脱落，仅留果实，会严重影响果实的成熟和果树的生长，同时落叶后造成枝蔓大量芽萌发新梢（图8-55），影响下一年的结果和生长。

图8-51　叶片上的褐色病斑

图8-52　叶片边缘病斑融合

图8-53　叶片向叶面卷曲

图8-54　猕猴桃褐斑病危害造成落叶

图8-55 猕猴桃褐斑病危害落叶后促使芽萌芽

图8-56 猕猴桃褐斑病危害落叶萌发秋梢

【病 原】猕猴桃褐斑病病原是一种小球壳菌（*Mycosphaerella* sp.）属子囊菌门真菌。子囊壳球形，褐色，顶具孔口，大小（145.6 ~ 182）微米×（125 ~ 130）微米。子囊棍棒形，大小为（35.1 ~ 39.0）微米×（6.5 ~ 7.8）微米。子囊孢子长卵圆形或长椭圆形，双细胞，淡绿色，大小为（10.4 ~ 13.6）微米×（2.9 ~ 3.3）微米，在子囊中双列着生。无性世代为半知菌叶点霉属一种叶点霉（*Phyllosticta* sp.）。分生孢子器球形，棕褐色，顶具孔口，大小为（104 ~ 114.4）微米×（114.4 ~ 119.6）微米，产生于叶表皮下。分生孢子椭圆形，无色，单胞，大小为（3.3 ~ 3.9）微米×（2.1 ~ 2.6）微米。

【发病规律】猕猴桃褐斑病病原菌以分生孢子器、菌丝体和子囊壳等随病残体主要是病叶在地表上越冬。次年春季嫩梢抽发期，产生分生孢子和子囊孢子，借风雨飞溅到嫩叶上进行初侵染和多次再侵染。4 ~ 5月多雨，气温20 ~ 24℃，病菌入侵感染,6月中旬后开始发病，7 ~ 8月高温高湿（25℃以上，相对湿度75%以上）进入发病高峰期，叶片后期干枯，大量落叶，到8月下旬开始大量落果。秋季病情发展缓慢，但9月遇到多雨天气，病害仍然发生很重，10月下旬至11月底，猕猴桃落叶后病菌在落叶上越冬。南方猕猴桃产区5 ~ 6月恰逢雨季，气温20 ~ 24℃发病迅速，7 ~ 8月气温25 ~ 28℃，病叶大量枯卷脱落，严重影响猕猴桃果实成熟和树体生长。地下水位高、排水能力差的果园发病较重。通风透光不良，湿度过大，也会导致病害大发生。

【防治方法】

（1）加强果园管理 增施有机肥或磷钾肥，改良土壤，培肥地力。根据树势合理负载，适量留果，维持健壮的树势。科学整形修剪，注意夏季修剪，保持果园架面通风透光条件。夏季病害的高发季节注意控制灌水和排水工作，减少发病。

（2）冬季彻底清园 结合冬季修剪，彻底清除修剪产生的枯枝、病虫枝和落叶落果等病残体，带出果园烧毁或沤肥。同时将结合施基肥将果园表土深翻10～15厘米，将土表病残叶片和散落的病菌翻埋于土中，消灭越冬病原菌，减少次年侵染。

（3）药剂防治

①休眠期清园。猕猴桃落叶进入休眠期到萌芽前，全园喷施一遍3～5度石硫合剂清园。

②初侵染期预防。花后5～6月初侵染期是预防猕猴桃褐斑病的关键时期。可以选用70%甲基硫菌灵可湿性粉剂600～800倍液、50%多菌灵可湿性粉剂600～800倍液、75%百菌清可湿性粉剂500～600倍液、70%代森锰锌可湿性粉剂500～800倍液或10%多抗霉素可湿性粉剂1 000～1 500 倍液等。本时期不建议使用三唑类杀菌剂，以防造成畸形果。

③发病高峰期防治。在7～8月发病高峰期，甚至秋季雨水多的年份的9～10月，根据田间发病情况及时喷药防治。药剂既可选用前面预防时使用的药剂，也可选用三唑类杀菌剂进行防治。如选用43%戊唑醇悬浮剂2 500～3 000倍液、10%苯醚甲环唑水分散粒剂1 500～2 000倍液、25%丙环唑乳油3 000倍液或12.5%烯唑醇可湿性粉剂1 000～1 500倍液等药剂进行喷雾防治，每7～10天喷1次，连喷2～3次，发病严重的连喷3～4次，并注意选用不同机理的药剂交替使用，提高防治效果。

猕猴桃灰斑病 真菌性病害

【症　状】猕猴桃灰斑病多从叶缘发病，初期病斑呈水渍状褪绿褐斑，后形成灰色病斑，逐渐沿叶缘迅速纵深扩大，侵染局部或大部叶面。叶面的病斑受叶脉限制，呈不规则状（图8-57）。叶面暗褐至灰褐色，重病果园远看呈一片灰白，发生严重的叶片上会产生轮纹状灰斑。发生后期，在叶面病斑处散生许多小黑点（即病原菌的分生孢子器）（图8-58）。轮纹状病斑上的分生孢子器呈环纹排列。常常造成叶片干枯、早落，影响正常产量。

图8-57 猕猴桃灰斑病叶部症状

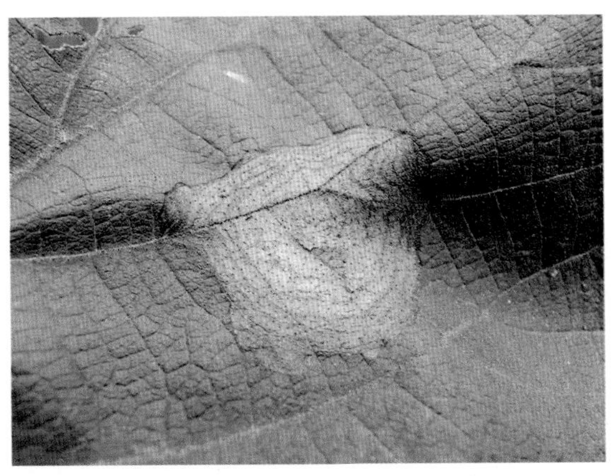

图8-58 病斑处散生许多小黑点

【病　　原】猕猴桃灰斑病病原为烟色盘多毛孢菌（*Pestalotia adusta* Stey）和轮斑盘多毛孢（*Pestalotiosis* sp.），均属半知菌亚门黑盘孢目黑盘孢科盘多毛孢属真菌。

烟色盘多毛孢菌分生孢子盘黑色，散生，开始埋生于叶组织中，后期突破寄主表皮外露，直径为125 ~ 240微米。分生孢子长梭形，直立，大小为（14 ～ 19）微米 ×（5.5 ～ 6.5）微米，由5个细胞组成，中部3个细胞长度大于宽度，黄褐色；顶细胞无色，端部稍尖，有纤毛2 ～ 3根，以3根者为多，纤毛长约为孢子体的一半，基细胞短锥至长锥形，尾端1根约3微米长柄脚毛。侵染猕猴桃叶片形成的病斑为灰色病斑，无轮纹。

轮斑盘多毛孢分生孢子盘直径为172.5 ～ 210.0微米，密生于叶病部，发育情况与前者相同。分生孢子梭形，大小为（19.6 ～ 23.5）微米 ×（7.8 ～ 9.2）微米，也是由5个细胞组成，中部3个细胞为褐色，其中头2个细胞色较深；两个端细胞无色，顶细胞具2 ～ 3根纤毛，长8 ～ 11微米，基细胞尖细。侵染猕猴桃引起的病斑为灰褐色病斑，果园湿度大时，与烟色盘多毛孢菌侵染形成病斑没有明显的区别，但在气候干燥条件下，灰色病斑上多具轮纹。

【发生规律】猕猴桃灰斑病主要以分生孢子、菌丝体及子囊壳在病叶等病残体上越冬。在春季展叶后产生分生孢子及子囊孢子，随风雨传播到嫩叶上进行潜伏侵染，在叶片坏死病斑上产生繁殖体，进行再侵染。5 ～ 6月，在高温条件下开始入侵，到8 ～ 9月高温干旱天气，病害发生严重，叶片大量枯焦，导致大量枯死和落果。10月下旬进入越冬期。被侵染叶片抗性减弱，常常进行再侵染致使同一叶片上出现两种病症。

【防治方法】

（1）*冬季彻底清园* 冬季修剪后，将剪除的病残枝和地面的枯枝落叶清扫干净，带出果园集中烧毁或沤肥处理。

（2）*加强果园管理，提高树体抗病力* 选择栽植抗病品种。合理施肥灌水，增强树势。科学修剪，合理负载，调节架面通风透光条件，保持果园适当的温湿度。

（3）*药剂防治* 冬季全园喷波美5 ～ 6波美度石硫合剂清园。开花前后各喷一次药进行预防，可显著减少初侵染危害。7 ～ 8月发病高峰期，全园喷药防治。可选用70%甲基硫菌灵可湿性粉剂600 ～ 800倍液、70%代森锰锌600 ～ 800可湿性粉剂倍液、50%多菌灵可湿性粉剂500 ～ 600液倍、75%百菌清可湿性粉剂500 ～ 600倍液或10%多抗霉素可湿性粉剂1 000 ～ 1 500倍液等进行树冠喷雾，每隔7 ～ 10天1次，连喷2 ～ 3次。

猕猴桃轮纹病 真菌性病害

【症　　状】猕猴桃轮纹病主要危害猕猴桃叶片、枝干和果实，造成枝干溃疡干枯、叶枯和果实腐烂。

危害叶片从叶缘开始发病，病斑近圆形或不规则性，灰白色至褐色，边缘深褐色，有同心轮纹与健康部分界明显（图8-59），病斑上散生大量小黑点（分生孢子器）。严重时叶片病斑相互结合，焦枯脱落。

枝干发病时多以皮孔为中心，形成多个褐色水渍状病斑，逐渐扩大形成扁圆形或椭圆形凸起，病斑处皮孔多纵向开裂，露出木质部，使树势严重削弱或枝干枯死。

果实受害后生长季节处于潜伏状态，不表现症状，采收入库贮藏后发病。多在果脐部或一侧发病，病斑淡褐色，表皮下的果肉呈白色锥体状腐烂，腐烂部四周有水渍状黄绿色斑，外缘一圈深绿色（图8-60），表皮与果肉易分离。在果实后熟后病斑褐色，略凹陷但不破裂，病斑下果肉淡黄色，较干燥，果肉细胞组织呈海绵状空洞。

图8-59　猕猴桃轮纹病叶部症状

图8-60 猕猴桃轮纹病果实症状

【病　　原】猕猴桃轮纹病病原无性阶段为半知菌大茎点属大茎点菌（*Macrophoma* sp.），分生孢子器球形具孔口，埋生于组织内，仅孔口露出表皮。内生分生孢子梗和分生孢子，分生孢子无色，单细胞，卵圆形。较大，大于15微米以上。

【发病规律】猕猴桃轮纹病以菌丝体、分生孢子器和子囊壳在病枝、病叶、病果组织内越冬。翌年3～7月释放出分生孢子，经风雨传播到寄主上。7～9月气温在15～35℃时均能发病，以24～28℃最为适宜。春季温、湿度适宜时分生孢子和子囊壳通过风雨传播或雨水溅到叶、枝、幼果上，从皮孔或伤口侵入。病菌侵入枝蔓或果实后以潜伏状态存在，在当年的新病斑上很少产生分生孢子器，树势衰弱或果实进入贮藏后，病情迅速发展，导致枝蔓枯死果实腐烂。在管理粗放、树势衰弱、田间积水或高湿的果园发病较重。

【防治方法】

（1）加强栽培管理　合理施肥、适量挂果，促使树体生长健壮，增强抗病力。注意果园排水，增施肥料，促使树势强健，提高抗病性。采果后，结合冬剪，剪除病枝、清扫田间枯枝落叶，集中烧毁或深埋，减少病菌越冬基数。

（2）药剂防治　早春萌动期喷3～5波美度石硫合剂，减少越冬菌源。从4月病菌传播开始时，选用1 ∶ 0.7 ∶ 200波尔多液、50%代森锰锌可湿性粉剂800～1 000液、70%甲基硫菌灵可湿性粉剂600～800倍液、50%多菌灵可湿性粉剂500 ～ 600倍液或10%苯醚甲环唑水分散粒剂1 500 ～ 2 000液，每隔10 ～ 15天喷1次，连喷2 ～ 3次。采果前喷1次，注意药剂交替使用。

猕猴桃白粉病 真菌性病害

【症　　状】猕猴桃白粉病初在叶面上产生针头小点，以后逐步扩大，感病叶片正面可见圆形或不规则形褪绿病斑，背面则着生白色至黄白色粉状霉层（图8-61），后期散生许多黄褐色至黑褐色闭囊壳小颗粒。叶片卷缩、干枯，易脱落，严重者新梢枯死。

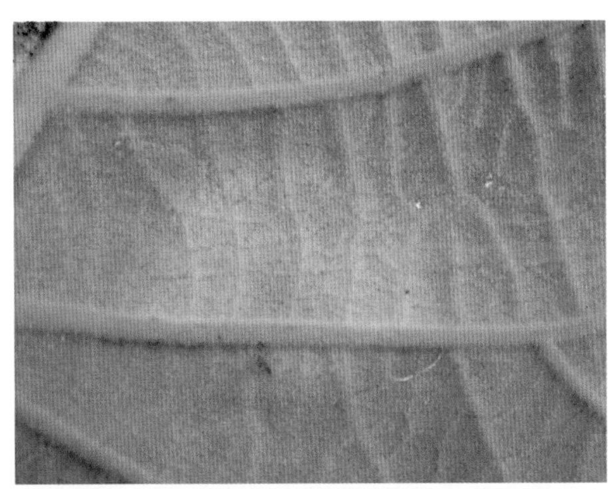

图8-61　猕猴桃白粉病叶部症状

【病　原】猕猴桃白粉病病原为阔叶猕猴桃球针壳白粉菌（*Phyllactinia imperialis* Miyabe）和大果球针白粉菌（*Phyllactinia imperialis* Miyabe），属子囊菌亚门白粉菌目白粉菌科真菌。

阔叶猕猴桃球针壳白粉菌外生菌丝体有稀疏的隔膜，分枝，无色，直径6～7微米。子囊壳表生，扁球形，黑色，附属丝15～23根，无色，针形，基部球形膨大。子囊20～24个，长椭圆形或圆柱形，有柄，大小（64.8～84.6）微米×（21.6～28.8）微米。子囊孢子不成熟。分生孢子梗直立，圆柱形，无色，平滑，壁薄，有1～4个隔膜，分生孢子单个顶生。

大果球针白粉菌闭囊壳扁球形，深褐色，着生10～23根基部膨大呈球形的针状附属丝，内含多个无色、卵圆形、有短柄的子囊，子囊内有2个子囊孢子，子囊孢子卵圆形，无色，单胞。无性阶段为半知菌亚门拟卵孢霉，分生孢子梗单枝，端生分生孢子，分生孢子无色，卵形，单胞。

【发病规律】猕猴桃白粉病病原菌以菌丝体在被害组织内或鳞芽间越冬。翌年春季适宜条件产生分生孢子，借风传播，从气孔、伤口入侵危害。一般7月上、中旬开始发病，7月下旬至9月达发病高峰。在温度25～28℃，相对湿度大于75%有利于发病。雨水不利于病菌孢子萌发，梅雨季节不发病，多在秋季危害。栽植过密，氮肥施用偏多，造成枝叶幼嫩徒长和通风透光不良均有利于病害的发生。

【防治方法】

（1）加强果园管理　增施有机肥和磷钾肥，提高植株抗病能力。及时摘心绑蔓，使枝蔓在架面上分布均匀，保持通风透光良好。结合冬季修剪，及时剪除病枝蔓、病叶，集中烧毁。

（2）药剂防治　冬季及时喷施3～5波美度石硫合剂1～2遍，并注意清园。发病初期选用1：2：200波尔多液、0.3～0.5波美度石硫合剂、25%粉锈宁可湿性粉剂2 000倍液、15%粉锈宁1 000倍液、50%甲基硫菌灵可湿性粉剂1 000～1 200倍液、45%硫黄胶悬剂500倍液或42.4%唑醚·氟酰胺悬浮剂2 500～3 000倍液等进行喷雾防治，每隔7～10天喷1次，连喷2次。

猕猴桃花叶病毒病　病毒性病害

【症　　状】该病的主要症状是出现花叶症状，严重影响叶片的光合作用。叶部有鲜黄色不规则线状或片状斑，病健部交界明显，叶脉和脉间组织均可以发病。此外，叶部黄白色不规则线状或片状斑，病健部交界明显，叶脉和脉间组织均可以发病（图8-62至8-64）。

图8-62　猕猴桃花叶病毒病早期症状

图8-63　猕猴桃花叶病毒病中期症状

图8-64　猕猴桃花叶病毒病后期症状

【病　　原】猕猴桃病毒病的病原为病毒，具体种类目前还不确定，花叶病毒病的病原可能为黄瓜花叶病毒（CMV）、长叶车前草花叶病毒（RMV）和芜菁脉明病毒（TVCV）等病毒的一种或儿种混合引起。

【发病规律】猕猴桃病毒病在猕猴桃上一般不常发生。刺吸性口器昆虫危害或通过园艺工具和嫁接感染均可引起该病传播蔓延。树势强健时不发病。20 ～ 26℃的持续低温阴雨天气发病重。负载大结果多，肥水管理跟不上引起树势衰弱时易发病。

【防治方法】

（1）选育抗病品种，培育无病毒苗木　组织培养脱毒苗木，进行无毒化栽培。

（2）加强树体管理，增强抗病性　土壤增施有机肥，提高土壤肥力，改善土壤团粒结构，培育土壤有益微生物菌群，养根壮树。合理修剪，合理负载，提高树体抗病力。

（3）清除染病植株　生长季初感染的病毒病有其局限性，及时发现，及时清除。并将病株周围的土壤翻开，暴晒5 ～ 7天，所用工具也要暴晒2个小时以上来杀灭病毒。

（4）切断传播途径　修剪完病株后用70%的酒精或高锰酸钾500倍液消毒修剪工具，以防交叉感染，避免通过工具传染。在未消毒的情况下再去修剪无病毒的植株，容易造成病毒的机械传播。

（5）药剂防治　发病初期，及时喷施1.5%植保灵乳剂1 000倍液、20%病毒A可湿性粉剂500倍液、抗毒剂1号300倍液、NS-83增抗剂100倍液、20%盐酸吗啉胍800倍液、2%氨基寡糖素300倍液、8%宁南霉素1 500倍液、2%香菇多糖500倍液或0.06%甾烯醇1 500倍液。喷药次数视病情和防效决定，一般每隔7 ～ 10天喷1次，连喷2 ～ 4次。以上药剂可以交替使用。及时喷药防治刺吸式害虫如叶蝉、蚜等，防治病毒的扩散传播。

猕猴桃褪绿叶斑病毒病　病毒性病害

【症　　状】猕猴桃褪绿叶斑病毒病症状为叶脉附近呈现不规则褪绿斑，病部叶肉组织发育不良，局部变薄，颜色浅绿色，与正常组织形成厚薄不一的叶面（图8-65）。

图8-65　猕猴桃褪绿叶斑病毒病叶部症状

【病　　原】番茄斑萎病毒属病毒、猕猴桃病毒A、猕猴桃病毒B、猕猴桃属柑橘叶斑驳病毒、猕猴桃属褪绿环斑病毒、褪绿叶斑病毒（CLSV）等都可能引起猕猴桃褪绿叶斑病毒病。

【发病规律】参考猕猴桃花叶病毒病。

【防治方法】参考猕猴桃花叶病毒病

猕猴桃立枯病　真菌性病害

【症　　状】猕猴桃立枯病多发生在育苗的中、后期。病原菌多从近土表幼苗的茎基部侵入形成水渍状椭圆形或不规则暗褐色病斑，病部逐渐凹陷、溢缩，有的渐变为黑褐色，当病斑绕茎一周干枯死亡，但不倒伏（图8-66）。轻病株仅见褐色凹陷病斑而不枯死。受害严重时，韧皮部被破坏，根部成黑褐色腐烂，根皮层易脱落，造成死苗。苗床湿度大时，病部可见不甚明显的淡褐色蛛丝状霉层。

图8-66　幼苗干枯死亡，但不倒伏

【病　　原】猕猴桃立枯病的病原为立枯丝核菌[*Rhizoctonia solani* Kuhn]，属半知菌亚门丝孢纲无孢目无孢科丝核菌属真菌。初生菌丝无色，直径4.98 ～ 8.71微米，分枝呈直角或近直角，分枝处多缢缩，并具1隔膜。菌丝后变为褐色，变粗短后纠结成菌核，初白色，后变为淡褐或深褐色菌核，圆形或不规则形，大小为0.5 ～ 5毫米。

【发病规律】猕猴桃立枯病病原菌以菌丝体或菌核在残留的病株上或土壤中越冬。病原菌能在土壤中存活2 ～ 3年，带菌土壤是主要侵染来源，病株残体、肥料等也可能带菌。通过农事操作、灌溉水、昆虫传播进行再侵染。土温13 ～ 26℃都能发病，以20 ～ 24℃为适宜。土壤pH在2.6 ～ 6.9都能发病。一般多在育苗中后期发生。苗期床温较高、阴雨多湿、土壤过黏、重茬发病重。播种过密、间苗不及时、温度过高易诱发本病。天气潮湿适于病害的大发生，反之，天气干燥病害则不发生。多年连作地发病常较重。

【防治方法】

（1）加强苗床管理　苗床选择地势较高，排水良好的地块。选用疏松肥沃无病的沙壤土，忌用重黏土做床土。不使用带病菌的腐熟肥料，施用充分腐熟的有机肥。严格控制苗床及扦插床的浇灌水量，注意及时排水。注意通风，晴天要遮阴，以防土温过高，灼伤苗木造成伤口感染病菌。

（2）注意苗圃清洁卫生　及时处理病株残余，发现病株及时拔除并烧毁。

（3）苗床消毒　对被污染的苗床，可用甲醛进行土壤消毒，每平方米用甲醛50毫升，加水8～12千克浇灌于土壤中，浇灌后隔1周以上方可用于播种栽苗；或用70%五氯硝基苯粉剂与65%代森锌可湿性粉剂等量混合，每平方米用混合粉剂8～10克，撒施土中，并与土混合均匀。

（4）药剂防治　发病初期开始施药，可用75%百菌清可湿性粉剂800～1 000倍液、50%福美双可湿性粉500倍液、75%氯硝基苯600倍液、65%代森锌可湿性粉剂600倍液、72.2%霜霉威盐酸盐水剂400倍液或15%噁霉灵水剂450～500倍液，每平方米用药液3升，进行喷雾防治。间隔7～10天，视病情连防2～3次。若猝倒病与立枯病混合发生时，可用72.2%霜霉威盐酸盐水剂800倍液加50%福美双可湿性粉剂800倍液喷淋，每平方米苗床用对好的药液2～3千克。

猕猴桃灰霉病　真菌性病害

猕猴桃灰霉病主要发生在猕猴桃花期、幼果期和贮藏期。在严重年份果园发病率和贮藏期发病率可达50%以上，严重影响猕猴桃的生产。

【症　　状】猕猴桃灰霉病主要危害花、幼果、叶及贮藏期的果实。花染病后变褐并腐烂脱落，湿度大时腐烂的花上出现灰白色霉层（图8-67）。幼果发病先在残存的雄蕊和花瓣上感染发病，从果蒂处入侵出现水渍状斑，然后幼果茸毛变褐，果皮受侵染形成褐色腐烂病斑，并扩展到全果，果顶一般保持原状，湿度大时病果皮上出现灰白色霉状物，加上用铅丝架流下的黑水混合，果实表面发生灰黑色污染物，严重时可形成僵果，造成落果。果实受害后表面形成灰褐色菌丝和孢子交织在一起，可产生黑色片状菌核。贮藏期果实易被病果感染（图8-68至图8-70）。病花或病果掉到叶片上后，多从叶缘发病，初期在叶片上形成水渍状斑点，后由叶缘向内呈V形扩展，继

图8-67　腐烂的花上出现灰白色霉层

而形成灰褐色的水渍状病斑，有时病斑具有轮纹（图8-71、图8-72）。严重时病斑扩展至整个叶片，导致叶片腐烂脱落，空气潮湿时病部形成灰褐色霉层。

图8-68　幼果上的褐色病斑

图8-69　僵　果

图8-70　成熟期果实被害

图8-71　叶片病斑沿叶缘呈V形扩展

图8-72　叶片多从花瓣掉落的地方开始发病，形成褐色坏死斑

【病　　原】猕猴桃灰霉病的病原为葡萄孢属灰葡萄孢（*Botrytis cinerea* Pers.），子囊菌门锤舌菌纲柔膜菌目孢盘菌属真菌。分生孢子梗直接产生在菌丝上，常有一个膨大的基细胞，分生孢子梗粗壮，直径16～30微米，长2～5毫米，深褐色，单生或丛生，直立，具隔膜，近顶端不规则分生6～7个分枝，顶端细胞膨大形成棍棒状的小梗，每个小梗上有突出的小齿上形成分生孢子，呈葡萄穗状。分生孢子椭圆形至倒卵圆形，表面光滑，单胞，无色或浅褐色，大小为（9～15）微米×（6.5～10）微米，多核。分生孢子聚在一起呈灰色或灰褐色（图8-73）。病果表面菌丝交织在一起，可产生黑色扁平状不规则形菌核。

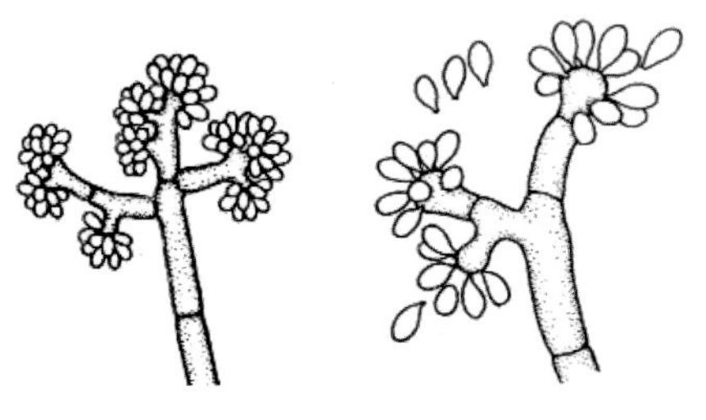

图8-73　灰葡萄孢分生孢子梗及分生孢子

【发病规律】猕猴桃灰霉病病原菌以菌丝体在病部、腐烂的病残体上或以落入土壤中的菌核越冬。次年初花至末花期，遇降雨或高湿条件，病原菌随风雨传至花器侵染引起花腐，带菌的花瓣落在叶片上引起叶斑，残留在幼果柄的带菌花瓣从果柄伤口处侵入果肉，引起果实腐烂。病原菌在空气湿度大的条件下易形成孢子，随风雨传播。温度15～20℃，持续高湿、阳光不足、通风不良、雨水多易发病，且发病重。

【防治方法】

（1）加强管理，增强树体抗病性，降低果园湿度　实行垄上栽培，避免密植。保护良好的通风透光条件。对过旺的枝蔓进行夏剪，改善通风透光，降低园内湿度。合理灌溉，一般花期不要灌溉，如天气干燥，最好在花蕾期灌溉；同时雨天注意果园排水。

（2）及时检查，清除病果　疏除病果，捡拾病落果，带出田外深埋，防止传播蔓延。

（3）科学采收和贮藏　采果时要避开阴雨和露水未干的时间，同时要佩戴手套，轻采轻放尽量避免果实受伤，严格检查，去除病果，防止二次侵染。入库后，适当延长预冷时间，降低果实温度和湿度，再进行包装贮藏。

（4）药剂防治　花期前后、幼果期和采果前是防治关键时期。花前可以选用50%速克灵可湿性粉剂600 ～ 800倍液、50%腐霉利可湿性粉剂600 ～ 800倍液、乙烯菌核利可湿性粉剂500 ～ 600倍液、50%异菌脲可湿性粉剂800 ～ 1 000倍液、40%嘧霉胺悬浮剂800 ～ 1 000倍液或10%多抗霉素可湿性粉剂800 ～ 1 000倍液等喷雾。每隔7天喷1次，连喷2 ～ 3次。夏剪后，喷保护性杀菌剂或生物制剂。果实采收前15 ～ 20天喷1次杀菌剂，防止带病入库造成烂库。

猕猴桃菌核病　真菌性病害

【症　　状】猕猴桃菌核病主要危害花和果实。雄花受害后呈水渍状，随后变软，衰败凋残而变成褐色团块（图8-74）。雌花被害后花蕾变褐枯萎。多雨条件下病部长出白色霉状物。果实受害，出现水渍状褪绿斑，病部凹陷，渐转至软腐，少数果皮破裂溢出汁液而僵缩，后期在罹病果皮的表面，产生不规则黑色菌核粒（图8-75）。病害危害严重时果实大量脱落。病果不耐贮运，易腐烂。

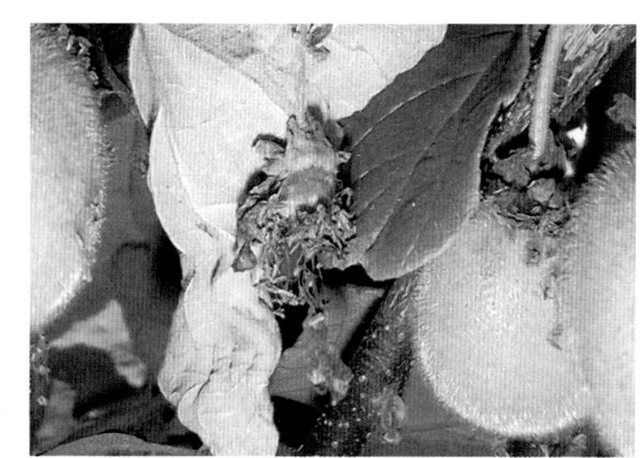

图8-74　雄花变褐枯萎

图8-75　果实表面产生黑色菌核粒

【病　　原】猕猴桃菌核病病原为核盘菌[*Sclerotinia sclerotiorum* (Lib.) dede Bary]，属子囊菌亚门盘菌纲柔膜菌目核盘菌科核盘菌属真菌。病原菌不产生分生孢子，由菌丝集缩成菌核。菌核黑褐色，不规则形，表面粗糙，大小为1～5毫米，抗逆性很强，不怕低温和干燥，在土壤中可存活数百天。菌核吸水萌发，长出高脚酒杯状子囊盘。子囊盘淡赤褐色，盘状，盘径0.3～0.5毫米，盘内密生栅栏状排列的子囊。子囊棍棒形，大小为（90～139）微米×（6～11）微米。子囊孢子单列生长，无色，单胞，椭圆形，大小为（6～14）微米×（3～73）微米（图8-76）。

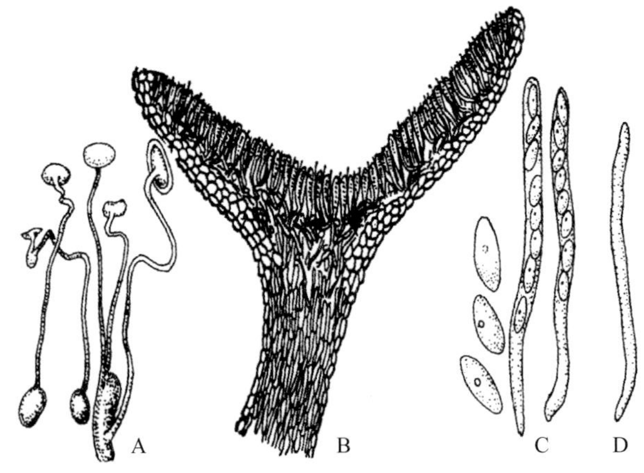

图8-76　核盘菌

A.菌核萌发形成子囊盘　B.子囊盘纵剖面　C.子囊和子囊孢子　D.侧丝

【发病规律】猕猴桃菌核病以菌核或附于病残体上在土表越冬。翌年春季始花期菌核萌发产生子囊盘，放射出子囊孢子，借风雨传播，先侵入猕猴桃花器繁殖，形成分生孢子梗释放分生孢子引起再次侵染，幼果期感染果实。菌丝体在病果中大量繁殖并形成菌核，菌核随病残体落地而在土中越冬。温度为20～24℃、相对湿度85%～90%时，发病迅速。春季温暖多雨，土壤潮湿，有利于菌核萌发，产生的子囊孢子越多，发病越重。若猕猴桃开花期遇到连阴雨或低温侵袭则可能大量发病。

【防治方法】

（1）冬季彻底清园　结合施基肥后，翻埋表土至10～15厘米深，深埋地表菌核可使其不能萌发，减少初侵染病源。

（2）处理病落果　发病期及时捡拾病落果，带出果园深埋处理。

（3）药剂防治　一般根据发病情况，在花前、落花期和收获前各喷1次药，如花期被害严重，可在蕾期增喷1次。可以选用40%菌核净可湿性粉剂800～1 000倍液、50%乙烯菌核利800～1 000倍液、50%异菌脲可湿性粉剂1 000～1 500倍液或50%腐霉利可湿性粉剂600～800倍液。

猕猴桃炭疽病　真菌性病害

【症　　状】猕猴桃炭疽病可危害叶片、枝蔓和果实。叶片染病从猕猴桃叶片边缘开始发病，呈水渍状病斑，后变为褐色不规则形病斑，病健交界明显。后期病斑中间变为灰白色，边缘深褐色。天气潮湿时病斑上产生许多散生小黑点（分生孢子盘）（图8-77）。发病严重时病斑相互融合成大斑，干燥时叶片易破裂，受害叶片边缘卷曲，出现大量落叶。受害枝蔓上呈现周围褐色、中间有小黑点的病斑。果实受害先出现水渍状、圆形、褐色病斑，后变为不规则形褐色腐烂，病斑中央稍凹陷（图8-78），由病剖剖开，病部果肉变褐腐烂，有苦味，剖面呈圆锥状或漏斗状（图8-79）。潮湿时病部分泌出肉红色分生孢子块。

图8-77　猕猴桃炭疽病叶片症状

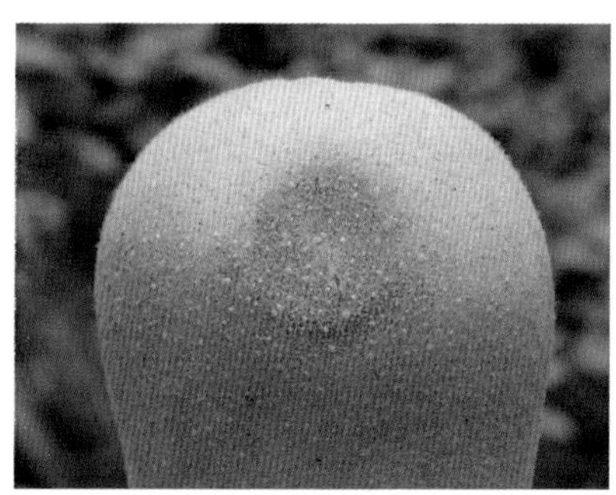

图8-78　病斑中果稍凹陷

图8-79　病果剖面

【病　　原】猕猴桃炭疽病病原为胶孢炭疽菌[*Colletotrichum gloeosporiodes* Penz]，属半知菌亚门腔孢纲黑盘孢目黑盘孢科炭疽菌属真菌。分生孢子盘黑色，直径为105 ~ 141微米。刚毛混生，黑色，有隔膜，大小为（52.5 ~ 149）微米×（4.2 ~ 5.6）微米。分生孢子长椭圆形至圆筒形，单胞，无色，大小为（13.6 ~ 18）微米×（3.6 ~ 5.4）微米。

【发生规律】猕猴桃炭疽病原菌以菌丝体或分生孢子在病残体或芽鳞、腋芽、病果等部位越冬。次年春季温湿度适宜时，特别是降雨后，分生孢子通过风雨或昆虫传播到叶片上，萌发后从伤口、气孔或直接侵染危害。发病后在病叶、病果上产生分生孢子，随风雨扩散再侵染蔓延危害。病原菌具有潜伏侵染现象。该病属于高温高湿病害，高温多雨时发病严重。地势低洼、排水不良、架面郁闭，通风不畅的果园发病严重。

【防治方法】

（1）加强综合管理，增强树势，提高树体抵抗力　加强土肥水管理，重施有机肥，合理施用氮、磷、钾肥，维持健壮的树势，提高植株抗病能力。

（2）降低果园湿度，改善通风透光能力　合理负载，科学整形修剪，及时摘心绑蔓，创造良好的通风透光条件，减轻病害的发生。注意雨后排水，防止积水。

（3）清除田间病原菌　冬季结合修剪，彻底清除落叶、病枝、病果；生长季及时清除病果、落果等，集中带出果园处理，减少病源。

（4）药剂防治　猕猴桃萌芽抽梢期的发病初期开始喷药，可以选用65%代森锌可湿性粉剂500倍液、50%代森铵水剂800倍液、80%代森锰锌可湿性粉剂800 ~ 1 000倍液、75%百菌清可湿性粉剂600 ~ 800倍液、70%甲基硫菌灵可湿性粉剂600 ~ 800倍液、45%咪鲜胺水乳剂1 000 ~ 1 500倍液或30%苯醚甲环唑悬浮剂1 500 ~ 2 000倍液等药剂，每隔10 ~ 15天喷1次，连喷3 ~ 4次。

猕猴桃细菌性软腐病　细菌性病害

猕猴桃细菌性软腐病主要发生于猕猴桃采收后的后熟期，是猕猴桃贮藏期主要病害。

【症　　状】发病初期猕猴桃果实外观无明显症状，后被害果实局部变软，病部向四周扩展，导致猕猴桃果实褐色腐烂，果肉呈糨糊状，失去食用价值（图8-80、图8-81）。发病严重的果实皮肉分离，果肉呈褐色、稀糊状，仅存果柱，有些甚至果柱也腐烂，果汁浅黄褐色，具发酵酒味和腐败味。

图8-80　果实褐色腐烂

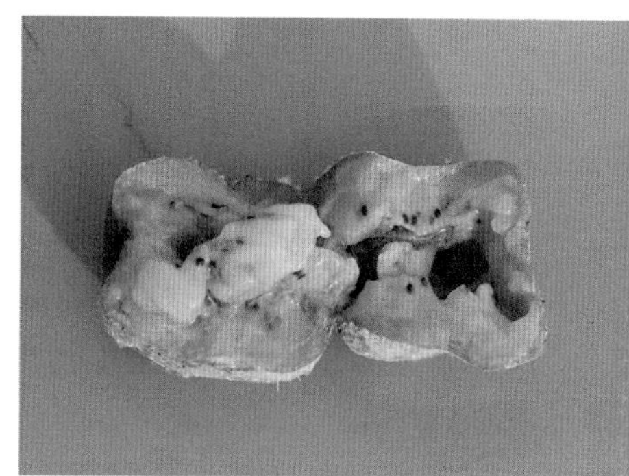

图8-81　果肉呈糨糊状

【病　　原】猕猴桃细菌性软腐病病原为欧文杆状细菌（*Erwinia* sp.）。菌体短杆状，周生2～8根鞭毛，大小为（1.2～2.8）×（0.6～1.1）微米，在细菌培养基上呈短链状生长。革兰氏染色阴性，不产生芽孢，无荚膜。在PDA培养基上菌落为圆形，灰白色，边缘清晰，稍具荧光。

【发生规律】猕猴桃细菌性软腐病病菌多从伤口侵入，果皮破口或果柄采收剪口处都可侵入。细菌进入果内之后，潜育繁殖，分泌果胶酶等溶解种子周围的果胶质和果肉，细胞解离崩溃、水分外渗，最后造成果实变软腐烂。常因伴随的杂菌分解蛋白胶产生吲哚而发生恶臭。

【防治方法】

（1）科学采收　选择晴天采果，避免在阴雨天或有露水的天气采收。采收时要注意轻摘轻放，减少碰撞，尽量避免破伤和划伤等产生机械伤口。

（2）做好冷库管理　入库前做好冷库消毒工作。严格挑选无病虫果及无伤果入库贮藏。冷藏果贮藏至30天和60天时分别进行两次挑拣，剔除伤果、病果。

（3）药剂防治　对贮运果在采收当天进行药剂处理后再入箱。常用药剂与浓度为：2，4-D钠盐200毫克/千克加3%中生菌素可湿性粉剂800倍液，浸果1分钟后取出晒干，单果或小袋包装后再入箱。

猕猴桃褐腐病　真菌性病害

猕猴桃褐腐病又称软腐病、果实熟腐病、焦腐病，是猕猴桃枝蔓、果实成熟期和采后贮藏期常见病害。

【症　　状】猕猴桃软腐病主要危害果实，也可危害枝蔓。果实发病多发生在收获期和贮运期，但病菌从花期和幼果期入侵，在果肉内长期潜伏，采摘时果实外观无明显症状，直到果实后熟期才发病出现症状。发病多从果蒂、果侧或果脐开始，发病初期现褐色病斑，略微凹陷（图8-82），果实快速变软，病斑周围呈黄绿色，随着病情的扩大，发病部位变软并凹陷。剥开凹陷处，病部中心呈乳白色，四周呈黄绿色，病健交界处出现水渍状、暗绿色、较宽的环状晕圈，果肉软腐，果皮松弛，果皮易与果肉分离（图8-83）。纵剖软腐部位，病部呈圆锥状深入果肉内部，导致果肉组织变成海绵状（图8-84），具酸臭味。

图8-82　果侧初现褐色病斑，略微凹陷

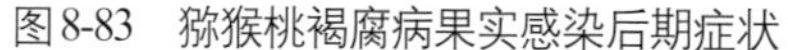
图8-83　猕猴桃褐腐病果实感染后期症状

图8-84　猕猴桃褐腐病病果剖面症状

【病　　原】猕猴桃软腐病的主要致病菌是葡萄座腔菌（*Botryosphaeria dothidea*），属子囊菌亚门座囊菌纲假球壳目葡萄座科葡萄座腔菌属真菌。子座生在皮下，形状不规则，内生1～3个子囊壳，子囊壳扁球形，深褐色，局乳头状小孔，大小为（168～182）微米×（158～165）微米。子囊棍棒性，无色，大小为（89～110）微米×（10.5～17.5）微米。子囊孢子椭圆形，单胞，无色，大小为（9.5～10.8）微米×（3～4）微米。PDA培养基上，菌落白色、圆形，气生菌丝发达，表面茸毛状，无突起，边缘呈放射状生长。菌落质地较干燥，菌丝部分表生，部分埋生，菌丝分枝，具隔，透明至浅黄色，直径为1.0～4.9微米。分生孢子纺锤形或梭形，无色，初为单胞，后生隔膜，多为2个隔膜，内含多个不规则油滴，基部平截，顶部稍钝，孢子大小为（20.1～28.6）微米×（4.5～8.9）微米（图8-85）。

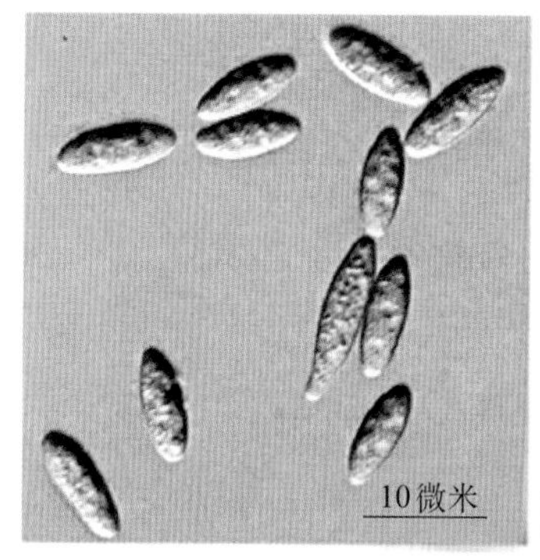

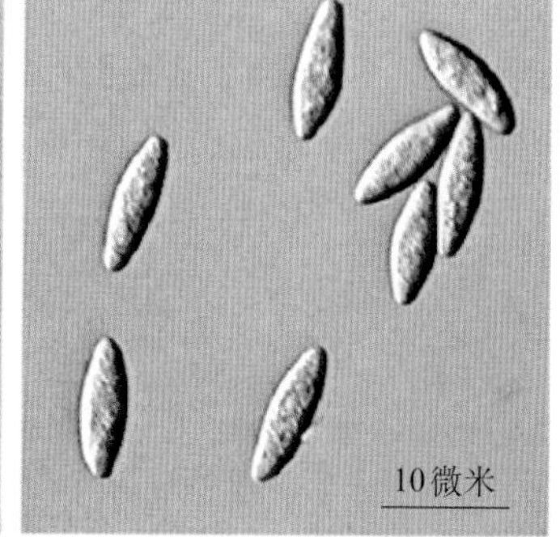

图8-85　葡萄座腔菌分生孢子

【发生规律】 猕猴桃褐腐病病原菌为一种弱寄生菌，具有潜伏侵染的特点，在寄主生活力比较弱的情况下，才能引起严重发病。主要以菌丝、分生孢子及子囊壳在猕猴桃枝蔓、枯枝、果柄上越冬。春季气温升高，下雨后子囊吸水膨大后破裂，释放出子囊孢子，并借风雨飞溅传播，从伤口、皮孔、气孔或其他自然开口入侵。子囊孢子的释放依靠雨水。病菌从花期或幼果期侵入，在果肉内潜伏侵染，直到果实后熟期才表现出症状。收获前发病会产生落果。贮藏中发病一般冷库贮藏主要在贮期2月内，产生乙烯影响其他果实的贮藏。贮藏果出库后后熟时发病，会造成局部软化腐烂，影响食用。枝蔓受害多从皮孔或伤口侵入。温度和湿度是影响猕猴桃褐腐病发生的决定性因素，病原菌生长适温为23 ~ 25℃，子囊孢子的释放依靠雨水，在降雨1小时内开始释放，2小时可达高峰。贮运期间20 ~ 25℃时病果率最高，可高达70%，15℃时病果率为41%，10℃时为19%。冬季受冻，排水不良，树势弱，枝蔓细小，肥水供应不足的果园发病重，枝蔓死亡多。

【防治方法】

(1) 加强栽培管理，合理施肥　加强果园管理，注意开沟排水。合理施肥，要施些硫酸钾和硫酸锰，促进植株营养生长和果实发育。

(2) 冬季修剪、清园要彻底　应彻底清除地面枝叶和落地果实，减少翌年初侵染源。对树上未修剪掉的病枯枝梢，要清查补剪。一并集中烧毁，减少有效菌源量。

(3) 科学采收　采收时适当晚采，对中晚熟品种可在可溶性固形物含量8% ~ 9%时采收。要注意轻摘轻放，尽量避免破伤和划伤等产生机械伤口。入库前严格挑选；对冷藏果贮藏至30天和60天时分别进行两次挑拣，剔除伤果、病果。

(4) 药剂防治　果实套袋前要对果实、树体喷施杀菌剂。冬季清园结束后应结合防治其他病虫害喷一次波美3 ~ 5度石硫合剂。开花前或谢花坐果后，喷洒50%甲基硫菌灵可湿性粉剂600 ~ 800倍液、50%多菌灵可湿性粉剂600 ~ 800倍液、50%代森锌可湿性粉剂600 ~ 800倍液、70%代森锰锌可湿性粉剂等800 ~ 1 000倍液、每克含10亿个菌落的多粘芽孢杆菌可湿性粉剂600倍液、43%戊唑醇悬浮剂3 000倍液、50%异菌脲可湿性粉剂1 000倍液、64%杀毒矾可湿性粉剂500倍液、45%咪鲜胺水乳剂1 000 ~ 1 500倍液或30%苯醚甲环唑悬浮剂1 500 ~ 2 000倍液等。在田间生长后期喷施1 ~ 2次50%多菌灵800 ~ 1 000倍液，可减少贮运期间发病。采收后，结合防治青（绿）霉病，做防腐浸果处理，可用45%噻菌灵悬浮液500 ~ 1 000毫克/升药液浸果3 ~ 5分钟晾干后入库贮藏。

猕猴桃膏药病 真菌性病害

【症　　状】猕猴桃膏药病主要危害一年生以上的枝蔓。病菌初在受害部位产生近圆形的白色菌丝斑，后扩大且中间由白色变为灰褐色至深褐色，外缘多具有一圈灰白色带，最终全部变成深褐色。其病菌在枝蔓表面形成不规则或圆形的平贴状菌丝体，呈土黄至灰褐色，也有些粉红至紫红色，菌丝体后期出现龟裂，容易剥离。菌丝体在树皮表面平贴像膏药，故名膏药病（图8-86）。受害枝蔓逐渐衰弱，当多个病斑连成一片，或绕枝蔓一周时，使枝干成段长满海绵状子实体，造成枝蔓枯死。子实体上有褐色突起，一般每个突起下面均有一个介壳虫，主要为桑白蚧等。

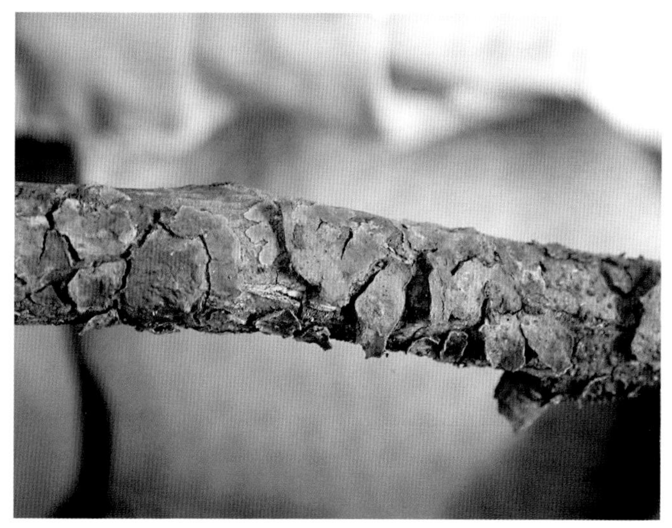

图8-86　猕猴桃膏药病枯萎症状

【病　原】猕猴桃膏药病病原为担子菌亚门层菌纲隔担菌目隔担菌属真菌，包括白隔担耳菌（*Septobasidium citricolum* Saw）和田中隔担耳菌（*Septobasidium tanakae* Miyabe），分别引起灰色膏药病和褐色膏药病。

白隔担耳菌子实体乳白色，表面光滑，在菌丝柱与子实体间有一层疏散略带褐色的菌丝层，子实体厚100 ~ 390微米，原担子球形、亚球形或洋梨形，大小为（16.5 ~ 23）微米×（13 ~ 14）微米，担孢子弯椭圆形，单胞，无色，大小为（17.6 ~ 25）微米×（4.8 ~ 6.3）微米。

田中隔担耳菌子实体褐色，菌丝壁较厚，褐色，直径3 ~ 5微米，原担子单胞无色，担子纺锤形，具2 ~ 4个隔膜，大小为（49 ~ 65）微米×（8 ~ 9）微米，担孢子镰刀形，略弯曲，单胞，平滑，大小为（27 ~ 40）微米×（4 ~ 6）微米。

【发病规律】猕猴桃膏药病病原菌属弱寄生病害，以菌膜在病枝干上越冬，翌年春夏间温湿适宜时，产生担孢子，并通过风雨或介壳虫传播，从皮孔、伤口入侵，在寄主枝干表面萌发为菌丝，发展为菌膜。既可从寄主表皮摄取营养，也可从介壳虫排泄的蜜露摄取营养而繁殖。介壳虫多的果园，发生严重。偏施氮肥生长茂密，果园郁闭，管理不良发病较重。土壤严重缺硼导致猕猴桃枝干裂皮而易诱发膏药病。高温多雨的季节有利发病。

【防治方法】

（1）合理修剪　加强冬、夏季修剪，改善通风透光条件。剪除受害枝蔓，清除果园病虫枝、枯枝、集中烧毁。

（2）药剂防治　冬季到萌芽前，用甲基硫菌灵、3波美度石硫合剂或1 ∶ 20石灰乳涂抹病部。刮病斑涂药，用刀刮除刮除病斑，用杀真菌剂，如甲基硫菌灵、多菌灵或者用3 ~ 5波美度石硫合剂(加0.5%五氯酚钠)涂抹杀菌，每隔 7 天1次，连涂2 ~ 3次。注意涂刷的时候，要从病部的外围逐渐向内部涂刷，才能收到较好的效果。将食盐、生石灰、甲基硫菌灵、水按1 ∶ 4 ∶ 0.15 ∶ 100的比例配成混合液喷雾，也可用20%松脂酸钠可溶性粉剂800倍液或80%代森锰锌可湿性粉剂800倍液，每隔7 ~ 10天1次，连喷2 ~ 3次来防治介壳虫。介壳虫的发生有利于猕猴桃膏药病的发生和扩展，所以要加强介壳虫的防治。

猕猴桃蔓枯病 真菌性病害

【症　　状】猕猴桃蔓枯病主要危害二年生以上的枝蔓，发病后叶片萎蔫，几天后干枯。病斑多在剪锯口、嫁接口及枝蔓分叉处，初为红褐色，微有水渍状，逐渐扩大成长椭圆形或不规则形的暗褐色病斑。后期发病部位失水，逐渐干缩下陷，病斑上散生许多小黑点（分生孢子器）（图8-87），潮湿时从小粒点内溢出分生孢子角，乳白色卷丝状。凹陷病斑环绕茎的1/2以上，病斑上部逐渐枯死。若病斑向茎的四周扩展环绕一周，则可使病斑以上枝蔓枯死（图8-88）。

图8-87　枝蔓病斑上散生许多小黑点

图8-88　枝蔓枯死

【病　　原】猕猴桃蔓枯病病原为葡萄拟茎点霉[*Phomopsis viticola* (Sacc.) Sacc. 异名*Fuscicoccum viticolum* Reddick]，属于半知菌亚门腔胞纲球壳胞目拟茎点霉属。有性态为葡萄生小隐孢壳菌[*Crypotosporella viticola* (Red.) Shear.]，属子囊菌门真菌。子囊壳球形，黑褐色，有短喙。子囊圆筒形至纺锤形，无色；子囊孢子长椭圆形，单胞无色，大小为（11 ~ 15）微米 × （4 ~ 6）微米。无性态分生孢子器黑色，直径200 ~ 400微米，初圆盘形，成熟后变为球形，具短颈，顶端有开口。分生孢子器中产生两种分生孢子。

【发病规律】猕猴桃蔓枯病菌以菌丝体或分生孢子器在病蔓组织中越冬。翌年春季4 ~ 5月气温上升，雨水使病枝上分生孢子器吸水，孔口涌出乳白色孢子角（分生孢子），借风雨或昆虫媒介传播到枝蔓上，经伤口、气孔、皮口或幼嫩组织侵入植株。抽梢期和开花期前后达到发病高峰期。病菌侵入后，如果树体活动旺盛，枝蔓抗病性强，则潜伏不表现症状，树体抗病力减弱时才表现症状。管理粗放、修剪过重、水肥不足、挂果过多、土质瘠薄、树势衰弱的发病重。剪锯口、虫伤、冻伤及各种机械伤口越多发生越重，特别是冻害造成的伤口是诱导该病害发生的主要条件。中华猕猴桃最感病。降雨早、雨量大、降雨时间长、园内湿度大有利于病菌传播，发病重。

【防治方法】

（1）*科学建园* 不在低洼易遭冻害的地方建猕猴桃园。

（2）*加强果园管理，增强树势，提高树体抗病力* 合理施肥，肥水供应充足合理，田间管理精细，挂果负载量适宜，保持植株旺盛生活力可增强树体的抗病性。科学修剪，剪除病残枝及茂密枝，调节通风透光，结合修剪，清理果园，将病残物及时清除，减少病源。修剪后在剪口涂抹保护剂。北方寒冷地区加强防寒措施预防冻害。注意控制灌水，地势低洼的果园，雨季注意排水。

（3）*药剂防治* 休眠期喷一次3～5波美度的石硫合剂。萌芽前可喷施45%代森铵水剂400倍液或氯溴异氰脲酸可湿性粉剂750倍液，铲除园内植株表面的越冬分生孢子器和分生孢子。对老蔓上的病斑，彻底刮除腐烂组织，直到见无病的健康组织为止，并用0.1%升汞溶液消毒后涂上石硫合剂原液。每隔7～10天1次，连涂3次。同时集中烧毁病蔓及刮下的病残体。5月下旬至6月上旬发病初期，喷施40%五氯硝基苯粉剂200～400倍液、50%多菌灵800～1 000倍液、80%代森锰锌可湿性粉剂800倍液、70%丙森锌可湿性粉剂600倍液、14%络氨铜水剂300倍液或40%双胍三辛烷基苯磺酸盐可湿性粉剂800～1 000倍液等药剂，交替用药，根据发病情况，每7～10天1次，连喷2～3次。

猕猴桃青霉病 真菌性病害

猕猴桃青霉病是猕猴桃贮藏期果实上的主要病害之一。

【症　　状】果实发病初期，果面出现水渍状圆形病斑，病部果皮变软，褐色软腐，扩展迅速，果皮破裂，病部先长出白色霉层，随着白色霉层向外扩展，变为青色霉层，病斑中间生出黑色粉状霉层（图8-89）。

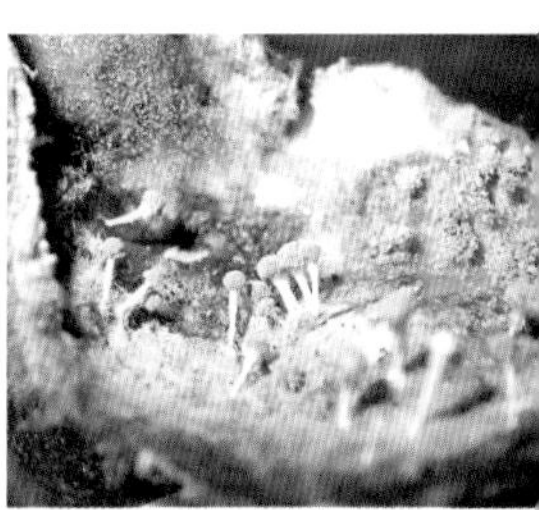

图8-89　猕猴桃青霉病病果

【病　　原】猕猴桃青霉病病原为意大利青霉（*Penicillium italicum* Wehmer）及扩展青霉（*Penicillium exponsum*），均属半知菌亚门丝孢纲壳霉目杯霉科意大利青霉属真菌。

意大利青霉的分生孢子梗无色，具隔膜，顶端有2 ~ 5个分枝，呈帚状。孢子梗大小为（40.6 ~ 349.5）微米×（3.5 ~ 5.6）微米。孢子小梗无色，单胞，尖端渐趋尖细，呈瓶状，大小为（8.4 ~ 15.4）微米×（4 ~ 5）微米。小梗上串生分生孢子。分生孢子单胞，无色，近球至卵圆形，近球形者居多，大小为（3.1 ~ 6.2）微米×（2.9 ~ 6）微米（图8-90）。

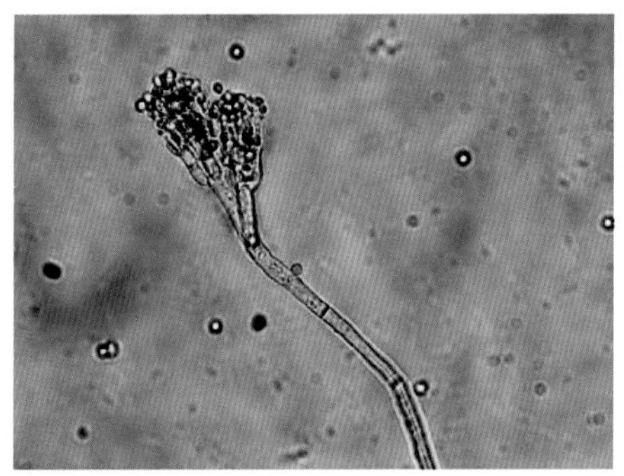

图8-90　意大利青霉分生孢子梗和分生孢子

扩展青霉菌的菌落呈小斑点状，草绿色，具放射状条纹；背面肉桂色，中央有红色的小点。分生孢子梗光滑，顶端1 ~ 2次帚状分枝，瓶状小梗细长，2 ~ 4个轮生。分生孢子扁圆形或椭圆形，壁光滑，聚集成链为明显的分散柱状，呈青绿色，分生孢子很小，大小为（1.8 ~ 2.2）微米×（1.8 ~ 2.2）微米。

【发生规律】猕猴桃青霉病病菌为腐生菌，在死体组织上腐生，产生的分生孢子随雨水、气流传播，由伤口、气孔入侵果实（主要经各类伤口侵入果实），贮运期间主要通过接触传播、振动传播。低温高湿下易发病。过熟或长时间贮藏猕猴桃果实也易遭受青霉菌侵染。果实腐烂产生大量二氧化碳，被空气中的水汽吸收产生稀碳酸，可腐蚀果皮，并使果面pH呈酸性环境，促进病菌加速侵染，导致大量烂果。

【防治方法】

（1）科学采收　适时细致采收，避免雨后或有露水时采果。避免产生伤口，从采收到搬运、分级、包装和贮藏的整个过程，均应避免机械损伤，注意不能果柄留得过长和碰伤果皮，减少病菌入侵的伤口。

（2）严格消毒冷库　贮库及果筐使用前应严格消毒。贮藏前用4%漂白粉的澄清液喷洒库壁和地面。也可用硫黄熏蒸消毒，每立方米10克，密闭熏蒸24小时。

（3）药剂防治

①药剂喷雾　在开花晚期和果实采收前2周喷药预防。可以选用50%多菌灵可湿性粉剂800倍液、50%苯菌灵可湿性粉剂1 500倍液、70%甲基硫菌灵可湿性粉剂1 000倍液、65%甲霉灵可湿性粉剂1 000倍液、50%多霉灵可湿性粉剂800倍液或50%咪鲜胺锰盐可湿性粉剂1 000～1 500倍液进行喷雾。

②药剂浸果　果实采收预冷后及时用药浸果，进行防腐处理，药剂可选用40%双胍三辛烷基苯硫黄盐可湿性粉剂1 000～2 000倍液、50%抑霉唑乳油1 000～2 000倍液、50%咪鲜胺可湿性粉剂1 000～2 000倍液、45%噻菌灵悬浮液1 000～2 000倍液、70%甲基硫菌灵可湿性粉剂或50%多菌灵可湿性粉剂500倍液浸果。也可同时加入0.02% 2,4-D（二氯苯氧乙酸）浸果，有很好的防效。浸果时间约1分钟，捞出后晾干再入库贮藏。

猕猴桃秃斑病　真菌性病害

【症　状】猕猴桃秃斑病主要危害果实，发病部位多在果肩至果腰处。发病初期，果毛由褐色渐变为污褐色，后为黑色，果皮也变为灰黑色；病斑不断扩展发病导致表皮和果毛一起脱落形成“秃斑”症状（图8-91）。外果肉表层细胞愈合形成的秃斑比较粗糙，有龟裂；而由果皮表层细胞脱落后留下的内果皮愈合成的秃斑表面光滑。湿度大时，病斑着生黑色粒状小点（分生孢子盘）。病果不脱落，不易腐烂。

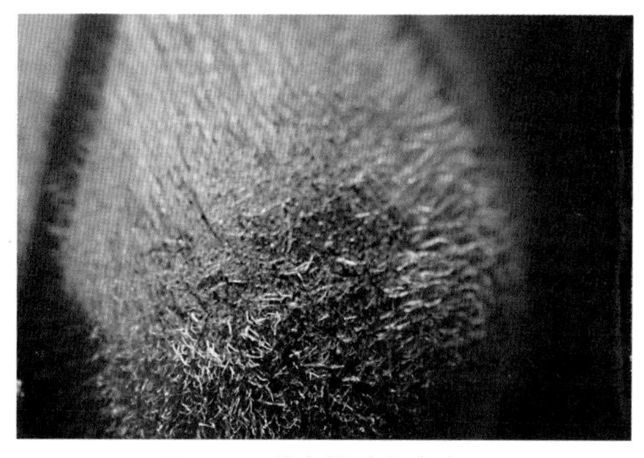
图8-91 猕猴桃秃斑病病果

【病　　原】猕猴桃秃斑病病原为枯斑拟盘多毛孢（*Pestalotiopsis funerea* Desm.），属半知菌亚门真菌。PDA培养基上菌落白色，茸毛状，边缘整齐，菌落背面淡黄色。光暗交替培养的菌落分生孢子盘以接种点为中心成环状分布。分生孢子盘散生，黑色，初埋生，后突露，大小为142 ~ 250微米。分生孢子呈长橄榄球形，大小为（21 ~ 31）微米×（6.5 ~ 9.0）微米，具5个细胞，中间3个细胞污褐色；端细胞无色，顶部稍钝，生3 ~ 5根纤毛，纤毛长10 ~ 12微米。

【发生规律】猕猴桃秃斑病多发生在7月中旬至8月中旬的大果期。可能是病菌先侵染其他寄主后，随风雨吹溅侵染所致。湿度大，果园郁闭、通风透光能力差发病重。地势低洼、排水不良的果园发病重。

【防治方法】

（1）加强管理，科学修剪　增施钾肥，避免偏施氮肥，增强抗病力。合理夏剪，保持架面下的通风透光能力。做好果园排灌水设施，积水后及时排水。

（2）药剂防治　发病初期喷洒50%多菌灵可湿性粉剂600 ~ 800倍液、70%甲基硫菌灵可湿性粉剂800 ~ 1 000倍液或75%百菌清可湿性粉剂600 ~ 800倍液等药剂进行防治，每隔7 ~ 10天1次，连喷1 ~ 3次。

猕猴桃黑斑病　真菌性病害

猕猴桃黑斑病又称猕猴桃霉斑病。

【症　　状】该病主要危害叶片。染病初在叶片正面出现褐色小圆点，四周有绿色晕圈，后扩展病斑变大，轮纹不明显，叶片上数个或数十个病斑融合成大病斑，呈枯焦状。病斑上有黑色小霉点（图8-92)，即病原菌的子座。严重时叶片变黄早落，影响产量。果实受害，一般在6月上旬出现病斑，初为灰色小霉斑，逐渐扩大，形成近圆形凹陷病斑，刮去表皮可见果肉呈褐色至紫褐色坏死，形成锥状硬块（图8-93)。

图8-92　猕猴桃黑斑病叶片症状

图8-93　猕猴桃黑斑病果实症状

【病　　原】猕猴桃黑斑病病原为猕猴桃假尾孢（*Pseudocercospora actinidiae* Deighton），属半知菌亚门真菌。子座生在叶面，气孔下生，近球形，浅褐色，直径20.0 ~ 60.0微米。分生孢子梗紧密簇生在子座上，少数从气孔伸出或作为侧生分枝单生于表生菌丝上，中度青黄褐色，宽度不规则，多分枝，具齿突，上部屈膝状，多隔膜，大小为700.0微米 × （4.0 ~ 6.5）微米。分生孢子圆柱形至倒棍棒形，浅至中度青黄色，直立或弯曲，3 ~ 9个隔膜，大小为（20.0 ~ 102.0）微米 ×（5.0 ~ 8.5）微米。

【发病规律】猕猴桃黑斑病病菌以菌丝体和分生孢子器在叶片病部或病残组织中越冬。翌年猕猴桃花期前后产生孢子囊，释放分生孢子，随风雨传播。4月下旬至5月下旬为叶片发病初期，5月下旬至6月上旬为果实发病初期，7 ~ 9月为发病高峰期。通常近地面处的叶片首先发病，逐渐向上蔓延。栽植过密、通风透光不良的果园发病重。5～8月连阴雨天多的年份往往发病重。雨季病情扩展较快，可造成较大损失。

【防治方法】

（1）彻底清园 采果后结合修剪，剪除病枝，彻底清扫田间枯枝落叶，集中烧毁或深埋。

（2）加强栽培管理 合理施肥，适量挂果，促使树体生长健壮。注意果园排水，降低果园湿度。

（3）药剂防治 冬季休眠期喷3～5波美度石硫合剂清园。发病初期喷施70%代森锰锌可湿性粉剂800～1 000倍液、70%甲基硫菌灵可湿性粉剂600～800倍液或50%多菌灵可湿性粉剂500～600倍等药剂，每隔10～15天喷1次，连喷2～3次。

猕猴桃褐麻斑病 真菌性病害

【症　　状】猕猴桃褐麻斑病从春梢展叶至深秋均可发生。初在叶面产生褪绿水浸状小病斑，后渐变为浅褐色病斑，圆形、多角状或不规则形，形态和大小都较悬殊，叶面斑点褐色、红褐色至暗褐色，或中央灰白色，边缘暗褐色，外具黄褐色晕（图8-94），叶背斑点灰色至黄褐色。

图8-94 猕猴桃褐麻斑病病叶叶面

【病　　原】猕猴桃褐麻斑病病原为杭州假尾孢（*Pseudocercospora hangzhouensis* Liu & Guo），属半知菌亚门子囊菌纲链孢霉目黑霉科尾孢菌属真菌。子实体叶两面生。次生菌丝体表生，菌丝青黄色，分枝，具隔膜，宽1.5～3.0微米。子座近球形，暗褐色，直径10.0～70.0微米。分生孢子梗紧密簇生在子座上或作为侧生分枝单生于表生菌丝上，近无色至浅青黄褐色，色泽均匀，宽度不规则，不分枝或偶具分枝，0～3个隔膜，大小为（13.0～29.0）微米×（2.0～3.0）微米。分生孢子窄倒棍棒形至线形，近无色至浅青黄色，直立至弯曲，顶部尖细，基部倒圆锥形，2 ~ 11个隔膜，大小为（39.0 ~ 79.0）微米 ×（2.0 ~ 3.2）微米。

【发病规律】猕猴桃褐麻斑病病原菌以菌丝、孢子梗和分生孢子在地表病残叶上越冬，次年春季产生出新的分生孢子，借风雨飞溅到嫩叶上进行初侵染，继而从病部长出孢子梗，产生孢子进行再侵染。高温高湿利于病害发生，5月中下旬开始发病，6 ~ 8月上旬为发病高峰期。8月中下旬至9月中旬，高温干燥不利病原菌侵染，但老病叶枯焦和脱落现象较严重。

【防治方法】

（1）冬季彻底清园　结合冬季修剪，彻底清除修剪后的枯枝、病虫枝和落叶落果等病残体，带出果园烧毁或沤肥。结合施基肥将果园表土翻埋10 ~ 15厘米，使土表病残叶片和散落的病原菌埋于土中，不能侵染。

（2）加强果园管理　增施有机肥或磷钾肥。合理负载，适量留果。科学整形修剪，保持果园架面通风透光。夏季注意控制灌水和排水工作，雨后及时开沟排水。

（3）药剂防治　休眠期全园喷施一遍3 ~ 5波美度石硫合剂清园。花后5 ~ 6月可以选用70%甲基硫菌灵可湿性粉剂600 ~ 800倍液、50%多菌灵可湿性粉剂500 ~ 600倍液、75%百菌清可湿性粉剂500 ~ 600倍液、70%代森锰锌可湿性粉剂500 ~ 800倍液或10%多抗霉素可湿性粉剂1 000 ~ 1 500倍液等结合防治猕猴桃褐斑病进行防治，每隔7 ~ 10天喷1次，连喷2 ~ 3次。

猕猴桃日灼病（日烧病）　生理性病害

【症　　状】果实受害后，一般果实肩部皮色变深，皮下果肉呈褐色，停止发育，形成凹陷，常在果实向阳面形成不规则、略凹陷的红褐色斑（日灼斑）。表面粗糙，质地似革质。有时病斑表面开裂，易诱发猕猴桃炭疽病等病害。严重时，病斑中央木栓化，果肉干燥发僵，病部皮层硬化，甚至软腐溃烂、落果。叶片日灼后出现青干症状，叶缘卷曲，变干，后期出现大量落叶（图8-95至图8-103）。

图8-95　猕猴桃日灼病果实初期症状

图8-96　猕猴桃日灼病果实后期症状

图8-97　美味猕猴桃日灼病症状

图8-98　红阳猕猴桃日灼病症状

图8-99　软枣猕猴桃日灼病症状

图8-100　果肉干燥发僵

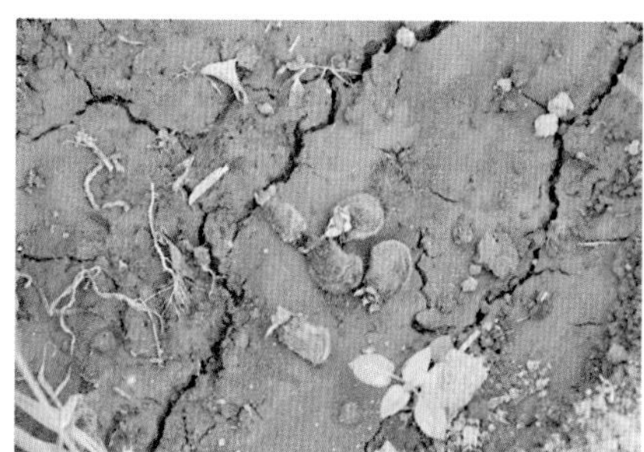
图8-101 猕猴桃日灼后期出现大量落果

图8-102 猕猴桃叶片日灼出现青干症状

图8-103 猕猴桃叶片日灼叶缘卷曲、变干

【发病原因】 该病大多发生在高温季节，秦岭北麓猕猴桃产区，一般发生在4～8月，气候干燥，持续强烈日照天气易发生。尤其是在果实生长后期的7～9月，叶幕层薄，叶片稀疏、果实裸露的发生严重。弱树、病树、超负荷挂果的树发生严重，挂果幼园比老果园发生严重。修剪过重，叶果比不合理，果实遮阴面少，果实裸露的果园易发生。灌溉设施不完善，土壤水分供应不足，土壤保水能力差的果园发病重。果园地面裸露，没有覆盖和生草的果园发病重。

【防治方法】

(1) *加强果园管理* 多施有机肥，改善土壤结构，增强土壤保水保肥能力，提高树体抗逆能力。合理修剪，保证良好的叶幕层和叶果比，改善通风条件。果园失水时及时灌水。有喷灌设施等条件的果园在高温强光季节及时喷水，隔几天喷1次，降低果园温度。幼园树行行间种植玉米遮阳（图8-104）。果园地面进行果园覆盖或生草（图8-105），降低地面辐射。果园覆盖可用麦糠或麦草覆盖果树行间，果园生草可以种植白三叶或毛苕子等。对于树势弱，架面没有布满，特别对于果园朝向西边的架面，夏季光照时间长，果实裸露的可以采取遮阴防晒。一般可以采取挂草遮阳（图8-106）或挂遮阳网等。

图8-104 猕猴桃幼园行间种植玉米遮阳

图8-105 猕猴桃果园生草降低果园温度

图8-106 猕猴桃果园裸露果实挂草遮阳

(2) *叶面喷施保护* 在6～7月高温季节即将来临之前，结合防治其他病害，可喷施液肥氨基酸400倍液，每10天左右喷1次，连喷2～3次。或可根据树龄大小，每亩喷施抗旱调节剂黄腐酸50～100毫升，既可降低果园温度 又可快速供给营养。未施膨大肥的猕猴桃园，要增施钾肥，可喷施0.1～0.3%磷酸二氢钾或硫酸钾，连喷2～3次，能达到抗旱防日灼的效果。

(3) 套袋 对于裸露的果实，可以从幼果期开始进行套袋，特别是猕猴桃果园外围西向的果实要套袋，可以防止阳光直射，降低果面温度，防止日灼（图8-107）。关中地区适宜套袋时间为6月下旬至7月上旬，要选择通气孔大，质量好的纸袋。通气孔小时可略剪大以利通气，降低袋内温度。

图8-107 猕猴桃果园外围西向套袋

猕猴桃裂果病 生理性病害

【症　状】猕猴桃裂果病主要出现在果实膨大期，裂果病主要发生在果实上组织不大正常的部位，如病斑、日灼处等，果实可从果实侧面纵裂，也有的从萼部或梗洼、萼洼向果实侧面延伸。裂果后易感染病害，造成更大危害（图8-108至图8-112）。

图8-108 猕猴桃裂果病病果

图8-109 猕猴桃果实果脐处横向开裂

图8-110 猕猴桃果实沿果脐纵向裂果

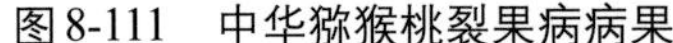
图8-111　中华猕猴桃裂果病病果

图8-112　美味猕猴桃裂果病病果

【发病原因】猕猴桃裂果病主要是因为果实内外生长失调，果皮生长速度跟不上果肉的生长速度而造成的。常发生于果实迅速膨大期，水分供应不匀或天气干湿变化过大都会造成裂果。若前期缺水影响幼果膨大，后期如遇连续降雨或大水漫灌，都会引起裂果。果实发育后期的土壤水分骤变，如成熟期遇到大雨，根系输送到果实的水分猛增，果肉细胞会快速膨大，而此时果皮多已老化，果皮细胞因角质层的限制而膨大慢，造成果肉胀破果皮。同时土壤长期干旱会严重阻碍钙元素的运输，导致缺钙，从而影响细胞壁的韧性，引起裂果。果实裂果的严重程度与温湿度有关。尤其天气干旱，突然下雨后，极易发生。树势弱、光照差、通风不良及偏施氮肥的果园裂果严重。土壤排水不良、严重板结、通透性差、土壤酸化以及病虫害重的果园裂果较重。

【防治方法】

(1) *加强果园灌排水设施建设，注意水分管理*　做到旱时能及时灌溉，涝时能及时排水，保持土壤水分均衡，避免果实快速吸水膨大造成裂果。遵循“小水勤浇”的原则，避免“忽涝忽旱”，使土壤墒情保持稳定，切忌持续干旱后大水漫灌。雨后及时排水。果园生草覆盖疏松土壤，旱能提墒，涝能晾墒，调节土壤含水量。

(2) *平衡施肥，改善土壤环境*　合理施肥，不偏施氮肥，注重中、微量元素肥料的配合，改善土壤理化性质，增加土壤团粒结构，均衡和活化土壤中的养分。

(3) *加强果园管理*　合理负载，适时适度夏剪，保持通风透光。合理使用植物生长调节剂。做好果实生长后期病虫害的防控工作。

(4) *叶面喷施钙肥，增强果实外表皮细胞韧性*　钙能使果实外表皮细胞增强韧性、增加细胞壁厚度，生长的关键时期进行叶面喷施沃丰素，可以补充钙，增加果皮韧度，使果肉细胞紧密结合。钙肥充足可大大减轻裂果的发生。

（5）*采取遮盖措施，避免果实吸收过多水分*　雨天可以采取避雨栽培可有效减轻裂果发生，果实套袋也能减轻裂果。

猕猴桃藤肿病

生理性病害、缺素症

【症　　状】猕猴桃藤肿病发病时，主蔓、侧蔓的中段突然增粗，呈上粗下细畸形状，有粗皮、裂皮现象，叶色泛黄，花果稀少，严重时，裂皮下的形成层开始褐变坏死，具发酵臭味。病树生长较弱，甚至引起死枝（图8-113、图8-114）。

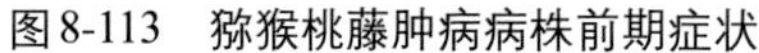

图8-113　猕猴桃藤肿病病株前期症状

图8-114　猕猴桃藤肿病病株后期症状

【发病原因】猕猴桃藤肿病发病的主要原因是树体和土壤缺硼。一般猕猴桃枝梢全硼含量低于10毫克/千克、果园土壤速效硼含量低于0.2

毫克/千克即可发病。

【防治方法】

(1) *科学管理* 多施有机肥，合理增施磷钾肥，特别是秋季结合施有机基肥增施磷肥，利用磷硼互补的规律，保持土壤高磷中硼（有效磷含量40 ~ 120毫克/千克，有效硼含量达0.3 ~ 0.5毫克/千克）的比例。

(2) *土壤补施硼肥* 发病园，在4 ~ 5月猕猴桃萌芽至新梢抽生期间，地面补施硼砂，施用量每亩0.5 ~ 1千克，每2年施1次，直至将枝梢全硼含量达到25 ~ 30毫克/千克、土壤速效硼含量达到0.3 ~ 0.5毫克/千克。

(3) *叶面喷施硼肥* 发病果园，每年花期喷施0.2%硼砂1 ~ 2次，既可给树体补充硼肥，又可促进授粉受精。

猕猴桃缺铁性黄化病

生理性病害、缺素症

【症　　状】猕猴桃缺铁性黄化病症状主要表现就是叶片黄化，但叶脉保持绿色。主要发生在刚抽出的嫩梢，幼嫩叶片呈鲜黄色，叶脉两侧呈绿色脉带。嫩叶叶脉间出现淡黄色或黄白色脉间失绿，从叶缘向主脉发展，而老叶却保持正常的绿色。受害轻时叶缘褪绿；严重时先幼叶后老叶，新成熟的小叶变白，叶片边缘坏死，或者小叶黄化(仅叶脉绿色)，叶子边缘和叶脉间变褐坏死，枝蔓全部叶片失绿黄化，甚至叶脉也失绿黄化或白化，叶片变薄易脱落（图8-115至图8-117）。果实果面黄化，果肉白化，小而硬，单果重减小，失去食用价值（图8-118）。长时间发病还会引起整株树干枯死亡。

图8-115　猕猴桃黄化病病叶

图8-116　猕猴桃黄化病后期叶片枯死

图8-117　猕猴桃果园黄化病田间症状

图8-118　猕猴桃黄化病病果

【发病原因】 缺铁性黄化病是由于植株体内铁元素含量不足造成的。一般叶片中每千克干物质含铁量小于60毫克时即可出现缺铁症状。生产上造成植株体内铁元素含量不足的原因主要有以下几个方面：一是土壤偏碱，土壤pH过高，铁元素被固定，不能被吸收。偏碱性的土层中游离二价铁离子被氧化成三价铁离子而被土壤固定，处于被固定状态，不能被根系吸收利用，加之猕猴桃根为肉质根，分布层相对较浅，易发生缺铁性黄化。北方石灰土壤中重碳酸根（HCO_3^-）含量高，影响铁的吸收、运输。二是偏施氮肥，使土壤中多种微量元素如锌、锰、铜、镁等供应失调，元素间发生拮抗作用影响铁的吸收。三是土壤黏重，过干、过湿，大水漫灌，低洼地积水，以及建园时苗木栽植过深等造成土壤透气性不良，造成树体生理代谢紊乱，从而影响铁的吸收，发生黄化。四是果园结果量超载会影响吸收根的形成发育，从而影响铁的吸收。五是根部病虫害影响根系吸收能力。根腐病等病虫害会严重影响根系的吸收能力，造成养分输送供应不足。此外幼苗因根系浅，吸水能力差，易发生缺铁性黄化病。

【防治方法】

（1）*科学建园*　建园时要选择土壤碱性较小，pH 6.5 ~ 7.5，土壤透气性、排水条件良好的地块，这种地块土壤中的有效铁含量较高，利于植株对铁的吸收和利用。

（2）选用耐病品种　可选用耐缺铁性黄化病能力较强的美味猕猴桃作砧木和耐缺铁性黄化病能力强的品种。

（3）合理负载，严格控制产量　严防负载过量，以保持健壮的树势。挂果量过大不但会使土壤中的矿质营养失去平衡，而且会导致树体的根冠比不协调，由于大量的有机营养被过多的果实吸收，转运到根系的养分就会减少，根系产生的新根就会减少，从而影响毛细根对铁等矿质营养的吸收。

（4）科学施肥，增施有机肥　施入农家肥，土壤中的微生物将其分解后会产生大量的腐殖酸，从而会降低土壤的碱性，提高土壤中铁元素的有效性。农家肥还可以改善土壤的透气性，有利于形成团粒结构，促进新根的产生，增强铁的吸收。大行种植三叶草，小行进行秸秆覆盖。不断提高土壤有机质含量。

（5）改良土壤，降低土壤pH　碱性土壤可以通过土壤施用硫黄粉来降低土壤pH，施用量根据土壤pH来确定。生产中也可使用酒糟、醋糟等可降低土壤pH。生长前期化肥的施用，应以硫酸铵或尿素等铵态氮肥为主，少用硝态氮肥和碳酸氢铵。尽量少用偏碱性的肥料，如碳酸氢铵等。应选用弱酸性、生理酸性肥料（如硫酸铵、硝酸铵磷钾复合肥和硫酸钾等）或中性肥料（如尿素、磷酸二铵等）。

（6）土壤补施铁肥　土壤补充铁元素如硫酸亚铁或螯合铁等铁肥，应与腐熟有机肥及腐殖酸肥混合施用。在发生缺铁性黄化病的果园，每年秋季施基肥时，在有机肥中同时混合施入4～6千克/亩的硫酸亚铁，补充土壤中的有效铁含量。在刚出现缺铁症状时结合施用农家肥伴施硫酸亚铁。

（7）叶面喷施铁肥　用0.1%～0.5%硫酸亚铁水溶液或螯合性铁肥进行叶面喷施。

温馨提示

对于由于根腐病、根结线虫等病害引起的黄化病，应及时采取措施对症防治，具体防治方法，参见猕猴桃根腐病和猕猴桃根结线虫病的防治方法。

猕猴桃缺钙症 生理性病害、缺素症

【症　　状】猕猴桃严重缺钙时，新成熟的叶片基部叶脉色泽灰暗，发生坏死，俗称鸡爪病。坏死斑扩大显现片状坏死斑，干枯破裂，甚至引起落叶，枝蔓坏死。老叶边缘上卷（图8-119），被失绿组织包围的叶脉间坏死（图8-120），受害枝蔓因生长点坏死引起侧芽萌发，丛生小的莲状叶。缺钙时根系发育差，根尖死亡易产生根际病害。

图8-119　叶缘上卷

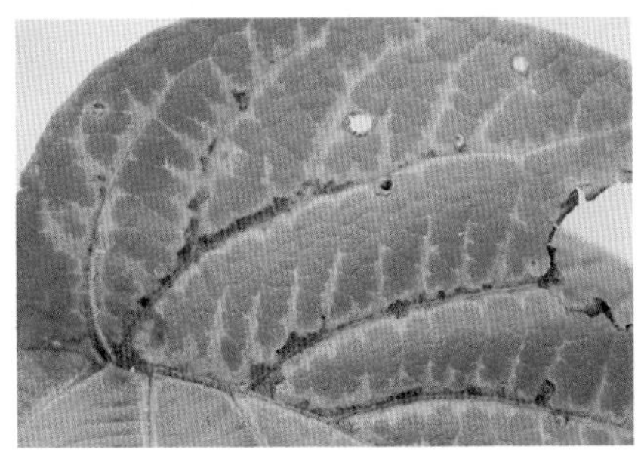
图8-120　叶脉坏死

【发病原因】叶片中钙占干物质含量低于0.2%时，就会出现缺钙症状。当土壤偏酸，或土壤中氮、钾、镁偏多时，都容易造成土壤中缺钙，从而引发病害。

【防治方法】

（1）调节土壤pH　酸性土壤上可土施石灰，提高钙的含量，一般每亩用40 ～ 80千克的生石灰或熟石灰较为适宜。沙质地土壤，石灰用量应适当减少，一般每亩施30 ～ 75千克。中性、偏碱性土壤上，土施磷酸钙、硝酸钙，盛果期园参照用量为3.3 ～ 6.6千克/亩。

（2）叶面喷肥　在猕猴桃落花后和新梢旺长期（果实膨大期）喷施1%过磷酸钙浸出液、0.3 ～ 0.5%氯化钙或硝酸钙溶液或喷施0.1%螯合钙或活力钙800 ～ 1 000倍液，每隔7 ～ 10天1次，连喷2 ～ 3次，效果较好。

猕猴桃缺镁症 生理性病害、缺素症

【症　　状】猕猴桃缺镁在猕猴桃果园比较常见。缺乏时症状从老叶开始表现，一般先从植株基部老叶发生，初期叶脉间浅绿色褪绿，多从叶缘沿叶脉间向中脉扩展，常在主脉两侧留下较宽的绿色带状组织，叶脉间发展成黄化斑点。一般从叶缘开始扩展，进而叶肉组织坏死，坏死组织离叶缘有一定距离与叶缘平行呈马蹄形分布，仅留叶脉保持绿色，失绿组织与健康组织间界限明显（图8-121）。叶片基部多保持正常的绿色。缺镁症状不出现在幼叶上，褪绿组织较少变褐坏死，若出现也为脉间不连续的坏死斑（图8-122）。缺镁发生时，生长初期症状不明显，进入果实膨大期后逐渐加重，坐果量多的植株较重，果实尚未成熟便出现大量黄叶，缺镁引起的黄叶一般不早落，但严重时，后期叶片会干枯。

图8-121　猕猴桃缺镁症初期症状

图8-122　叶片上出现坏死斑

【发病原因】 叶片中镁含量占干物质含量低于0.1%时，就会出现缺镁症状。主要是因为土壤中可供利用的可溶性镁不足，而可溶性镁不足的主要原因是有机肥不足或质量差，造成土壤供镁不足。酸性土壤中pH过低时易造成镁的流失。施钾过多也会影响镁的吸收，造成缺镁。

【防治方法】

（1）*增施优质有机肥，土壤施用镁肥*　选择含镁量较高的有机肥或补施镁肥。果园土壤补施硫酸镁，盛果期园用量为1.3 ~ 2千克/亩。

（2）*叶面喷施镁肥*　可以选用0.3% ~ 0.5%硫酸镁溶液进行叶面喷雾，每隔14天喷1次，连喷3 ~ 5次。

金龟子 幼虫为地下部、成虫啃食地上部

金龟子属鞘翅目鳃金龟科，种类有10多种，常见的主要有华北大黑鳃金龟［*Holotrichia oblita* (Faldermann)］、棕色鳃金龟（*Holotrichia titanis* Reitte）、铜绿丽金龟（*Anomala corpulenta* Motschulsky）等，金龟子的幼虫统称为蛴螬，生活于土中，是一类重要的地下害虫。

【危害特点】金龟子幼虫和成虫均可危害猕猴桃。幼虫啃食猕猴桃的根皮和嫩根，影响水分和养分的吸收、运输，造成植株早衰，叶片发黄、早落。成虫取食叶、花、蕾、幼果及嫩梢，形成不规则缺刻和孔洞(图8-123)。

图8-123　金龟子危害猕猴桃叶片

【形态特征】金龟子成虫多为卵圆形或椭圆形，触角鳃叶状，由9～11节组成，各节都能自由开闭。体壳坚硬，表面光滑，多有金属光泽。前翅坚硬，后翅膜质。这里介绍常见的3种金龟子。

(1) 华北大黑鳃金龟

成虫：长椭圆形，体长21～23毫米、宽11～12毫米，黑色或黑褐色有光泽。胸、腹部生有黄色长毛，臀板端明显向后突起，前胸背板宽为长的2倍，前缘钝角，后缘角几乎成直角。每鞘翅3条隆线。雄虫末节腹面中央凹陷，雌虫隆起。雌性腹部末节中部肛门附近呈新月形，凹处较浅，后足胫节内侧端距大而宽（图8-124)。

卵：椭圆形，乳白色。

幼虫：体长35～45毫米，肛孔三射裂缝状，前方着生一群扁而尖

端成钩状的刚毛，并向前延伸至肛腹片后部1/3处（图8-125）。

蛹：黄白色，椭圆形，尾节具突起1对。预蛹体表皱缩无光泽。

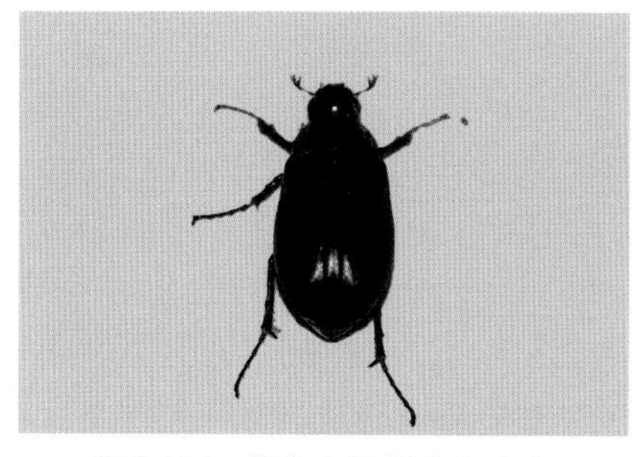

图8-124 华北大黑鳃金龟成虫

图8-125 华北大黑鳃金龟幼虫（蛴螬）

（2）棕色鳃金龟

成虫：体长21.2 ～ 25.4毫米，宽11 ～ 14毫米，茶褐色，略显丝绒状闪光，腹面光亮。头小，唇基短宽。前缘中央凹缺，密布刻点。触角鳃叶状，10节，鳃叶部特阔。鞘翅长而薄，纵隆线4条，肩瘤显著。前胸背板、鞘翅均密布刻点。前胸背板中央具1条光滑纵隆线，小盾片三角形，光滑或具少数刻点。胸腹面具黄色长毛，足棕褐色具光泽（图8-126）。

图8-126 棕色鳃金龟成虫

卵：初产乳白色卵圆形，后呈球形。

幼虫：老熟幼虫体长45 ～ 55毫米，头宽约6.1毫米。头部前顶刚毛每侧2根（冠缝侧1根，额缝上侧1根）。头部前顶刚毛每侧1 ～ 2根，绝大多数仅1根。头部前顶刚毛每侧1 ～ 2根，绝大多数仅1根。刺肛门孔三裂。

蛹：长23.5 ～ 25.5毫米，宽12.5 ～ 14.5毫米，黄白色，腹末端具2个尾刺，刺端黑色，蛹背中央自胸部至腹末具1条比体色较深的纵隆线。

（3）铜绿丽金龟

成虫：一般雄大雌小。体长19 ～ 21毫米，宽8 ～ 11.3毫米，体背铜绿色有金属光泽。复眼黑色，触角9节，唇基褐绿色且前缘上卷。前胸背板及鞘翅侧缘黄褐色或褐色；有膜状缘的前胸背板，前缘弧状内弯，侧、后缘弧形外弯，前角锐后角钝，密布刻点。鞘翅黄铜绿色且纵隆脊略见，合缝隆明显。雄虫腹面棕黄色，密生细毛，雌虫腹面乳白色且末节横带棕黄色。臀板黑斑近三角形。足黄褐色，胫、跗节深褐色，前足胫节外侧2齿、内侧1棘刺。初羽化成虫前翅淡白色，后逐渐变化（图8-127）。

卵：白色，初产时长椭圆形，长1.65 ～ 1.94毫米，宽1.30 ～ 1.45毫米；后逐渐膨大为近球形，长约2.34毫米，宽约2.16毫米，卵壳光滑。

幼虫：三龄幼虫体长29 ～ 33毫米，暗黄色。头部近圆形，头部前顶毛各8根，后顶毛10 ～ 14根，额中侧毛列各2 ～ 4根。腹部末端两节自背面观为泥褐色且带有微蓝色。臀腹面具刺毛列多由13 ～ 14根长锥刺组成，肛门孔横裂状（图8-128）。

图8-127　铜绿丽金龟成虫

图8-128　铜绿丽金龟幼虫（蛴螬）

蛹：略呈扁椭圆形，长约18毫米，宽约9.5毫米，黄色。腹部背面有6对发音器。雌蛹末节腹面平坦有1条细小的飞鸟形皱纹。羽化前，前胸背板、翅芽、足变绿。

【生活史及习性】

金龟子多为1年1代，少数2年1代。1年1代者以幼虫入土越冬，2年1代者幼、成虫交替入土越冬。一般春末夏初幼虫出土危害植株地上部，此时为防治的最佳时机。成虫白天潜伏，黄昏出土活动、危害，交尾后仍取食，午夜以后逐渐潜返土中。成虫羽化出土迟早与5～6月间温湿度的变化有密切关系，雨量充沛则出土早，盛发期提前。成虫食性杂，食量大，具假死性与趋光性，一生多次交尾，入土产卵，散产于寄主根际附近5～6厘米的土层内，7～8月幼虫孵化，在地下危害植物根。并于冬天来临前，以二至三龄幼虫或成虫，潜入深土层，营造土窝（球形），将自己包于其中越冬。

【防治方法】

（1）*农业防治*　施用充分腐熟的有机肥料。清除田间、水沟边等地的杂草和杂物，以减少害虫生存繁殖场所。在秋季或初冬深翻土壤，破坏地下害虫的越冬环境。利用其成虫的假死性，在其集中危害期，于傍晚、黎明时分，人工捕杀成虫。

（2）*利用趋性诱杀*　利用金龟子成虫的趋光性，在其集中危害期，于晚间用黑光灯、频振式杀虫灯等诱杀。利用某些金龟子成虫对糖醋液的趋化性，在其活动盛期，放置糖醋液诱杀，糖醋液配方：红糖1份、醋2份、白酒0.4份、敌百虫0.1份、水10份。

（3）*生物防治*　在金龟子进入深土层之前，或越冬后上升到表土时，中耕土壤，在翻耕的同时，放鸡吃虫。

（4）*药剂防治*

①药剂处理土壤。用50%辛硫磷乳油每亩200～250克，加水10倍喷于25～30千克细土上拌匀制成毒土，顺垄条施，随即浅锄，或将该毒土撒于种沟或地面，随即耕翻或混入厩肥中施用；用5%辛硫磷颗粒剂，每亩2.5～3千克处理土壤。

②毒饵诱杀。每亩地用25%辛硫磷胶囊剂150～200克拌谷子等饵料5千克，或50%辛硫磷乳油50～100克拌饵料3～4千克，撒于种沟中，也可收到良好防治效果。

③喷药防治。花前2～3天的花蕾期里，用90%晶体敌百虫1 000倍液、40%辛硫磷乳油1 500倍液、2.5%溴氰菊酯乳油2 000倍液、2.5%高效氯氟氰菊酯乳油2 000～3 000倍液或48%毒死蜱乳油1 500倍液喷杀成虫。

东方蝼蛄 地下害虫

蝼蛄又名土狗，拉拉蛄，是一类重要的地下害虫，主要在苗圃危害。猕猴桃园常见的为东方蝼蛄（*Gryllotalpa orientalis* Burmeister）。

【危害特点】东方蝼蛄成虫、若虫均在土中活动，喜食刚发芽的种子，咬食嫩苗根部和嫩茎，被害部呈乱麻状，对植株幼苗伤害极大。还可在苗床土表下潜行开掘形成隧道，使幼苗根部脱离土壤，失水枯死。

【形态特征】

成虫：体长30 ～ 35毫米，灰褐色，全身密布细毛。头圆锥形，触角丝状。前胸背板卵圆形，中间具1个暗红色长心脏形凹陷斑。前翅灰褐色，较短，仅达腹部中部。后翅扇形，较长，超过腹部末端。腹末具1对尾须。前足为开掘足，后足胫节背面内侧有4个距（图8-129）。

图8-129 东方蝼蛄成虫

卵：椭圆形，初产时灰白色，有光泽，后逐渐变成黄褐色，孵化之前为暗紫色或暗褐色。

若虫：8 ～ 9个龄期。初孵若虫乳白色，体长约4毫米，腹部大。二龄以上若虫体色接近成虫，末龄若虫体长约25毫米。

【生活史及习性】东方蝼蛄在华中、长江流域及其以南地区每年发生1代；华北、东北、西北2年左右完成1代；陕西南部约1年发生1代；在陕西关中1 ～ 2年1代。东方蝼蛄通常栖息于地下，夜间和清晨在地表下活动。昼伏夜出，晚上9：00 ～ 11：00为活动取食高峰。喜欢潮湿，多集中在沿河两岸、池塘和沟渠附近产卵。气温在5℃左右，东方蝼蛄开始上移，气温在10℃以上时出土活动危害，当土温上升到14.9 ～ 26.5℃时，是危害最严重时期。初孵若虫有群集性，孵化后3 ～ 6天群集，之后分散危害。东方蝼蛄昼伏夜出，具有强烈的趋光性。东方蝼蛄对香、甜物质气味有趋性，特别嗜食煮至半熟的谷子、棉籽及炒香的豆饼、麦麸等，还对马粪、有机肥等未腐烂有机物有趋性，在堆积马粪、粪坑及有机质丰富的地方东方蝼蛄就多。大多数蝼蛄具趋湿性，素有“蝼蛄跑湿不跑干”之说。

【防治方法】

（1）农业防治　深翻土壤、精耕细作破坏东方蝼蛄的产卵场所，造成不利其生存的环境，减轻危害。危害期追施碳酸氢铵等化肥，散出的氨气对蝼蛄有一定驱避作用。秋季大水灌地，使向深层迁移的蝼蛄，被迫向上迁移，在结冻前深翻，把翻上地表的害虫冻死。另外，在东方蝼蛄危害期间，根据蝼蛄活动产生的新鲜隧道，进行人工捕杀。

（2）利用趋性诱杀　东方蝼蛄对马粪、有机肥等未腐烂有机物有趋性，在田间挖30厘米见方，深约20厘米的坑，内堆湿润马粪并盖草，每天清晨捕杀东方蝼蛄。东方蝼蛄具有强烈的趋光性，利用黑光灯，特别是在无月光的夜晚，可诱集大量东方蝼蛄，且雌性多于雄性。蝼蛄对香、甜物质气味有趋化性，特别嗜食煮至半熟的谷子、棉籽及炒香的豆饼、麦麸等。将豆饼或麦麸5千克炒香，再与90%晶体敌百虫150克兑水拌匀，做成毒饵，每亩用毒饵1.5 ~ 2.5千克，可撒在地里或苗床上。

（3）药剂防治　在东方蝼蛄危害严重的地块，每亩用5%辛硫磷颗粒剂1 ~ 1.5千克与15 ~ 30千克细土混匀后，撒于地面并耙耕，或于栽前沟施毒土。苗床受害重时，可用50%辛硫磷乳油800倍液灌洞杀灭。

小地老虎　地下害虫

地老虎又名土蚕、切根虫，是一类重要的地下害虫，危害猕猴桃的主要是小地老虎[*Agrotis ipsilon*（Hüfnagel）]，又叫土蚕、黑地蚕、切根虫等。

【危害特点】小地老虎主要以幼虫危害猕猴桃幼苗，多从地面咬断嫩茎，常造成严重的缺苗断垄，甚至毁种。

【形态特征】

成虫：体长21 ~ 23毫米，翅展48 ~ 50毫米。额部平整光滑无突起，雌蛾触角丝状；雄蛾触角双栉齿状、栉齿渐短，端半部为丝状。虫体和翅暗褐色，前翅前缘及外横线至中横线部分(有的个体可达内横线)

呈棕褐色，肾形斑、环形斑及剑形斑位于其中，各斑均环以黑边。在肾形斑外，内横线里有1个明显的尖端向外的楔形黑斑，在亚缘线内侧有2个尖端向内的黑斑，3个楔形黑斑尖端相对，是识别成虫的主要特征。后翅灰白色，翅脉及边缘呈黑褐色。雄性外生殖器钩形突细长，端部尖，有冠刺，抱钩为1个细指状突起，阳茎端基环宽肥，两侧中部外突，基部尖，端部圆钝，无结状突起（图8-130）。

幼虫：头部暗褐色，侧面有黑褐斑纹，体黑褐色稍带黄色，密布黑色小圆突，腹部末端肛上板有1对明显黑纹，背线、亚背线及气门线均黑褐色，不很明显，气门长卵形，黑色（图8-131）。

图8-130　小地老虎成虫（雄）

图8-131　小地老虎幼虫

卵：扁圆形，初产时乳白色，渐变为淡褐色，孵化前褐色。花冠分3层，第一层菊花瓣形，第二层玫瑰花瓣形，第三层放射状菱形。

蛹：黄褐至暗褐色，腹末稍延长，有1对较短的黑褐色粗刺。

【生活史及习性】 小地老虎无滞育现象，条件适宜可连续繁殖危害。在北方1年发生4代。越冬代成虫盛发期在3月上旬。4月中、下旬为二至三龄幼虫盛发期，5月上、中旬为五至六龄幼虫盛发期。三龄以后的幼虫危害严重。成虫对黑光灯和酸甜味有较强趋性，喜产卵于高度3厘米以下的幼苗或刺儿菜等杂草上或地面的土块上。幼虫有假死性，遇惊扰则缩成环状，白天潜伏于表土的干湿层之间，夜晚出土从地面将幼苗植株咬断危害。

【防治方法】

（1）物理防治　利用糖醋液、黑光灯和泡桐叶诱杀成虫。

（2）毒饵诱杀　将5千克饵料炒香，与90%敌百虫150克加水拌匀做成毒饵，每亩1.5 ~ 2.5千克撒施。

（3）药剂防治　可用2.5%敌杀死乳油2 000倍液、20%氰戊菊酯乳油1 500倍液或2.5%高效氯氰氟菊酯乳油2 000倍液喷施植株下部防治。也可用50%辛硫磷乳油1 000倍液或48%毒死蜱乳油1 000 ~ 1 500倍液灌根。

蝽　刺吸汁液

蝽又叫臭板虫等，体有臭腺，能放出刺鼻臭味。危害猕猴桃的蝽主要有斑须蝽(*Pdycoris bacc arum*)、茶翅蝽（*Halyomorpha harys* Stal)、麻皮蝽 [*Erthesina fullo*（Thunberg)]、广二星蝽[*Stollia vetralis*（Westwood）]、小长蝽[*Nysius ericae*（Schilling）]等，属半翅目蝽科。在猕猴桃生产上危害普遍的主要为前3种，其中以茶翅蝽危害最为严重。

【危害特点】成虫和若虫主要在猕猴桃的叶、花、蕾、果实和嫩梢上以刺吸式口器吸食汁液危害。叶片被害后失绿变色（图8-132)。幼果受害后局部停止成长形成疤痕，造成果形不正，危害严重时幼果脱落，后期果实被害后果肉木质化变硬，果肉中出现纤维状白斑，失去商品价值（图8-133至图8-135)。

图8-132　茶翅蝽危害叶片

图8-133　茶翅蝽危害果实

图8-134 茶翅蝽危害后果肉出现纤维状白斑

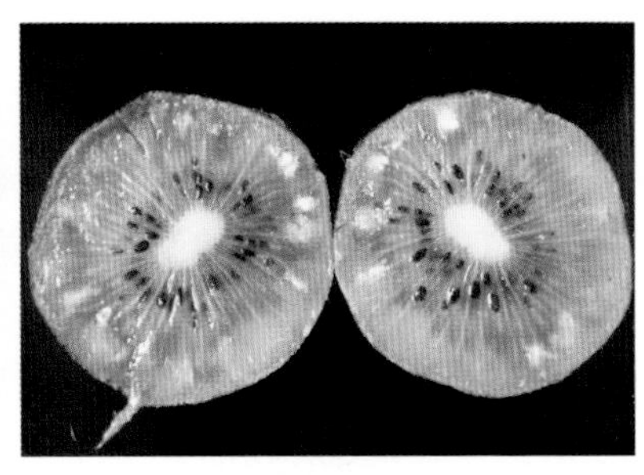

图8-135 蝽危害后果肉出现纤维状白斑（果实横切面）

【形态特征】

（1）斑须蝽

成虫：体长8.0 ~ 13.5毫米，宽5.5 ~ 6.5毫米，雌虫比雄虫略大，椭圆形，黄褐或紫色，密被白色绒毛和黑色小刻点。触角5节，黑色，第1节短而粗，第2 ~ 5节基部黄白色，形成黄黑相间的“斑须”。小盾片三角形，呈鲜明的淡黄色，末端钝而光滑，为其识别特征。前翅革质部淡红褐至红褐色，膜质部透明，黄褐色，超过腹部末端。胸腹部的腹面淡褐色，散布零星小黑点。足黄褐色，腿节和胫节密布黑色刻点（图8-136）。

卵：长圆筒形，初产为黄白色，孵化前为橘黄色，眼点红色，有圆盖。卵壳有网纹，生白色短绒毛。卵排列整齐，聚集成块，平均约16粒。

若虫：共5龄。形态、色泽与成虫相同，略圆。体暗灰褐或黄褐色，全身被有白色绒毛和刻点。触角4节，黑色，节间黄白色，腹部黄色，背面中央自第2节向后均有一黑色纵斑，各节侧缘均有一黑斑。若虫腹部每节背面中央和两侧都有黑色斑（图8-137）。

图8-136 斑须蝽成虫

图8-137 斑须蝽若虫

（2）茶翅蝽

成虫：体长12 ~ 16毫米，宽6.5 ~ 9.0毫米，扁椭圆形，灰褐色略带紫色，复眼球形黑色，前胸背板、小盾片和前翅革质部均有黑褐色刻点，前胸背板前缘有4个黄褐色小点横列，小盾片基部有5个小黄点横列，以两侧的斑点较为明显（图8-138）。

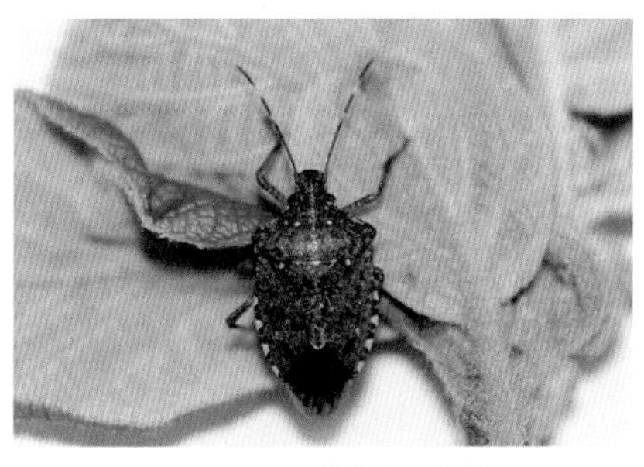

图8-138 茶翅蝽成虫

卵：短圆筒状或柱状，高约1毫米，直径0.7毫米左右，形似茶杯，周缘环生短小刺毛，初产时淡绿色，渐白色，孵化前呈黑褐色，卵壳变硬（图8-139）。卵常平行排列成块状。

若虫：若虫分5龄，初孵体长1.5毫米左右，近圆形，体为白色，后变为黑褐色，老熟若虫与成虫相似，无翅。前胸背板两侧有刺突，腹部淡橙黄色，各腹节两侧节间各有1个长方形黑斑，共8对（图8-139、图8-140）。

图8-139 茶翅蝽卵壳与低龄若虫

图8-140 茶翅蝽高龄若虫

（3）麻皮蝽

成虫：体长18 ~ 25毫米，宽8 ~ 11毫米。体型稍宽大，黑褐色，密布黑色刻点及细碎不规则黄斑。头部狭长，侧叶与中叶末端约等长，侧叶末端狭尖。触角5节，黑色，第1节短而粗大，第5节基部1/3为浅黄色。喙浅黄4节，末节黑色，达第3腹节后缘。头部前端至小盾片有1条黄色细中纵线。前胸背板前缘及前侧缘具黄色窄边。胸部腹板黄白色，密布黑色刻点。各腿节基部2/3浅黄，两侧及端部黑褐色，各胫节黑色，中段具淡绿色环斑，腹部侧接缘各节中间具小黄斑，腹面黄白，节间黑色，两侧散生黑色刻点，气门黑色，腹面中央具1条纵沟，长达第5腹节（图8-141）。

卵：灰白色，块生，近鼓状，顶端有盖，周缘具刺毛。不规则块状，数粒或数十粒粘在一起。

若虫：各龄均呈扁洋梨形，前尖削后浑圆。初孵时胸腹部有许多红、黄、黑相间的横纹。老熟时似成虫，体长约19毫米，体红褐色或黑褐色，自头端至小盾片具一黄红色细中纵线。体侧缘具淡黄狭边。腹部3～6节的节间中央各具1块黑褐色隆起斑，斑块周缘淡黄色，上具橙黄或红色臭腺孔各1对。腹侧缘各节有1块黑褐色斑。喙黑褐伸达第3腹节后缘（图8-142）。

图8-141　麻皮蝽的成虫

图8-142　麻皮蝽若虫

【生活史及习性】蝽有翅，会迁飞。多以成虫在建筑物、老树皮、杂草、残枝落叶和土壤缝隙里越冬。次年春天寄主萌芽后开始出蛰活动危害。成虫飞翔力强，喜于树体上部栖息危害，交配多在上午。具假死性，受惊扰时均分泌臭液，但早晚低温时常假死坠地，正午高温时则逃飞。卵多块产于叶背，初龄若虫常群集在卵块附近，二至三龄若虫分散危害。

斑须蝽在黄河流域1年发生3代，长江流域一年发生3～4代，陕西关中地区4月初越冬成虫开始活动，5月上旬至6月上旬、6月中旬至7月中旬、8月上旬至9月中旬分别为第1～3代若虫盛发期。

麻皮蝽1年发生2代，3～4月出蛰，5～6月产卵，6月下旬至8月中旬为第1代成虫盛发期，8月～10月第2代成虫盛发后进入越冬。

茶翅蝽在北方1年发生1代，南方2代。1代区：4月底5月初越冬成虫开始活动，6月产卵，卵多产于叶背部，7月上旬开始陆续孵化，8月中旬开始羽化为成虫。5月上旬陆续出蛰活动，6月上旬至8月产卵，多产于叶背，块产，每块20～30粒，卵期10～15天，7月上旬出现若虫，初孵时群集危害，后逐渐分散，8月中旬开始陆续老熟羽化为成虫，成虫危害至9月，然后寻找适当场所越冬。2代区：3月下旬开始活动，4月上中旬开始产卵，第1代若虫于4月底至6月中旬孵出，6月中旬至8月上旬羽化，7月上旬至9月中旬产卵；第2代于7月中旬至9月下旬孵化，9月上旬至10月中旬羽化，11月中旬以后陆续越冬。成虫日间活动，飞翔力较强，常随时转换寄主危害。

【防治方法】

（1）*消灭越冬成虫*　冬季清除枯枝蔓落叶和杂草，刮除粗皮、翘皮，集中进行沤肥或焚烧，以消灭越冬成虫。

（2）*人工捕杀*　由于茶翅蝽发生期不整齐，药剂防治比较困难，因而人工捕捉成虫和收集卵块是一种较好的防治措施。具体方法：早春季节，可采取堵树洞、刮老翘树皮等措施消灭越冬成虫。4～6月可摘除有卵块或若虫团的叶片，并集中销毁或利用成虫的假死性在其活动盛期在早晚进行人工捕杀；秋季（9月），可在傍晚捕杀屋舍向阳墙面上准备越冬的成虫；9月中下旬，可在果园内或果园附近的树上、墙上等处挂瓦楞纸箱、编织袋等折叠物，诱集成虫在其内越冬，然后集中烧毁。

（3）*诱杀*　利用成虫趋化性，在其活动盛期设置糖醋液诱杀。同时还可防治具趋化性的其他害虫如金龟子等。利用茶翅蝽喜食甜食的特点，可配制毒饵诱杀。具体方法：取蜂蜜20份、敌百虫1份、水20份混合制成毒饵，涂抹在果树2～3年生的枝蔓上，以幼果期雨天使用效果最好。

（4）*保护或释放天敌*　天敌如椿象黑卵蜂、稻蝽小黑蜂等，注意在寄生蜂成虫羽化和产卵期，果园应避免使用触杀性杀虫剂。

（5）*人工保护*　套袋是减少茶翅蝽对果实危害的有效措施。受害严重的果园，在产卵和危害前进行果实套袋。选用大型果袋，使果实在袋中悬空生长，果与袋之间要有2厘米的空隙，以防茶翅蝽隔袋危害。

(6) 药剂防治　防治的关键期为越冬成虫出蛰期和各代初龄若虫发生期，特别是第1代初孵若虫发生期（6月上、中旬茶翅蝽正处在产卵前期）。若虫盛发期，可选用25%灭幼脲3号2 000倍液、90%敌百虫1 000倍液、40%辛硫磷乳油1 500倍液、20%溴氰菊酯乳油2 000倍液、10%高效氯氰菊酯乳油2 000倍液、50%敌敌畏乳油1 000倍液或48%毒死蜱乳油1 500倍液全园喷雾防治。喷雾时间最好在蝽不喜活动的清晨进行防治。5月上旬对果园外围树木喷药封锁，阻止成虫迁入果园产卵。9月果树成熟期对果园外围喷药保护，再次防治成虫迁入果园危害果实。

叶蝉　刺吸汁液

危害猕猴桃的叶蝉主要有小绿叶蝉（*Empoasca flavescens*）和大青叶蝉（*Cicadella viridis*），均属半翅目叶蝉科。小绿叶蝉又名桃小绿叶蝉、桃小浮尘子；大青叶蝉别名青叶跳蝉、青叶蝉、大绿浮尘子。

【危害特点】叶蝉为刺吸式口器，以成、若虫刺吸叶片汁液。叶片被害后出现淡白点，而后点连成片，直至全叶苍白枯死（图8-143）。也可使叶片出现枯焦斑点和斑块，造成早期落叶。此外，雌虫可用产卵器刺入茎部组织里产卵，刺伤枝蔓表皮，使枝蔓上的叶片枯萎，枝蔓失水，常引起冬、春抽条和幼树枯死（图8-144）。苗木和幼树受害较重。有时，雌虫在叶背主脉中产卵，若虫孵出留下1条褐色缝隙，虫口基数大时，叶背伤痕累累。

图8-143　叶片被害状

图8-144　大青叶蝉成虫危害主干

【形态特征】

叶蝉为小型善跳的昆虫。单眼2个，少数种类无单眼。后足胫节有棱脊，棱脊上有3～4列刺状毛。后足胫节刺毛列是叶蝉科最显著的识别特征。

（1）小绿叶蝉。

成虫：体长3～4毫米，黄绿至绿色，复眼灰褐至深褐色，无单眼，触角刚毛状，末端黑色。前胸背板、小盾片浅绿色，常具白色斑点。前翅半透明，略呈革质，淡黄白色，周缘具淡绿色细边；后翅无色透明膜质。各足胫节端部以下淡青绿色，爪褐色；跗节3节；后足跳跃足。雌成虫腹面草绿色，雄成虫腹面黄绿色（图8-145）。

卵：长0.6～0.8毫米，宽约0.15毫米，新月形或香蕉形，头端略大，浅黄绿色，后期出现1对红色眼点。

若虫：共5龄。若虫除翅尚未形成外，体形、体色与成虫相似。一龄若虫体长0.8～0.9毫米，乳白色，头大体纤细，体疏覆细毛；二龄若虫体长0.9～1.1毫米，淡黄色；三龄若虫体长1.5～1.8毫米，淡绿色，腹部明显增大，翅芽开始显露；四龄若虫体长1.9～2.0毫米，淡绿色，翅芽明显；五龄若虫体长2.0～2.2毫米，草绿色，翅芽伸到腹部第5节，接近成虫形态（图8-146）。

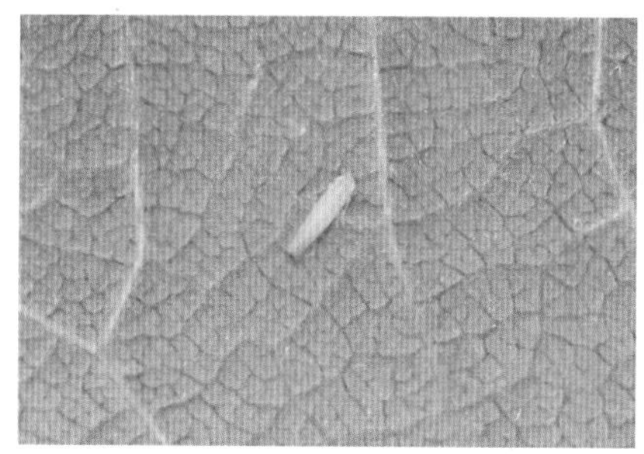

图8-145　小绿叶蝉成虫

图8-146　小绿叶蝉若虫

(2) 大青叶蝉

成虫：雄虫体长7 ~ 8毫米，雌虫体长9 ~ 10毫米。体黄绿色，头部颜面淡褐色，复眼三角形，绿或黑褐色。触角窝上方，两单眼之间具1对黑斑。前胸背板浅黄绿色，后半部深绿色。前翅绿色带有青蓝色泽，前缘淡白，端部透明，翅脉青绿色，具狭窄淡黑色边缘，后翅烟黑色、半透明。腹两侧、腹面及胸足均为橘黄色。跗爪及后足胫节内侧细条纹、刺列的刺基部均为黑色（图8-147）。

卵：长卵形稍弯曲，长约1.6毫米，宽约0.4毫米，乳白色，表面光滑，近孵化时为黄白色。一端稍细，表面光滑（图8-148）。

若虫：初孵若虫灰白色，微带黄绿，头大腹小，复眼红色，胸、腹背面无显著条纹（图8-149）。若虫三龄后体黄绿，胸、腹背面具褐色纵列条纹，并出现翅芽。老熟若虫体长6 ~ 7毫米，头冠部有2个黑斑，胸背及两侧有4条褐色纵纹直达腹端，形似成虫（图8-150）。

图8-147　大青叶蝉成虫

图8-148　大青叶蝉产卵
（箭头所指为大青叶蝉的卵）

图8-149　大青叶蝉初孵若虫

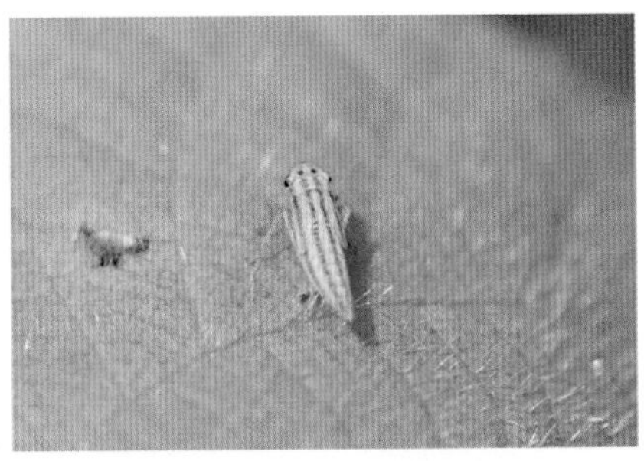

图8-150　大青叶蝉若虫

【生活史及习性】小绿叶蝉1年发生多代，猕猴桃整个生育期均可危害。成虫活跃善跳，多产卵于叶背或茎部组织。越冬后若虫在4月开始活动，6月中旬为第1次虫口高峰期，8月下旬为第2次高峰期。发生与气候条件关系密切。旬平均气温15～25℃，对其生长发育较为适宜。高于28℃时，对其生长发育不利，虫口显著下降。雨量大、下雨时间长以及干旱均不利其繁殖。小绿叶蝉在雨天或晨露时不活动。时晴时雨的天气，杂草丛生的果园有利于该虫发生。其白天活动，喜于叶背刺吸汁液与栖息，成虫常以跳助飞，但飞行力弱，可借风向远处传播。秋末以末代成虫越冬。

大青叶蝉在北方年发生3代，以卵于树木枝蔓表皮下越冬。翌年4月孵化，若虫期30～50天，于杂草、农作物及蔬菜上繁殖危害，5～6月出现第1代成虫，7～8月出现第2代成虫，9～11月出现第3代成虫。成、若虫日夜均可活动取食，产卵于寄主植物茎、叶柄、主脉、枝蔓等组织内，以产卵器刺破表皮成月牙形伤口，产卵6～12粒于其中，排列整齐，产卵处的植物表皮成肾形凸起。每头雌虫可产卵30～70粒，非越冬卵期9～15天，越冬卵期可达5个月以上。第2、3代成虫、若虫主要在果园危害幼苗、幼园植株和果园杂草等，至10月中旬成虫开始迁至树干上产卵，10月下旬为产卵盛期，并以卵态于树干、枝蔓皮下越冬。成、若虫夏季有较强的趋光性。受惊后即斜行或横行向背阴处或向反向逃避。

【防治方法】

（1）*冬季清园，阻止成虫产卵*　冬季清除苗圃内的落叶、杂草，减少越冬虫源基数。一、二年生幼树，在成虫产越冬卵前用塑料薄膜袋套住树干，或用1∶50～1∶100的石灰水涂干、喷枝，阻止成虫产卵。

（2）*加强果园管理*　幼园和苗圃地附近最好不种秋菜，或在适当位置种秋菜诱杀成虫，杜绝上树产卵。间作物应以收获期较早的为主，避免种植收获期较晚的作物。合理施肥，以有机肥料为主，不过量施用氮肥，以促使树干、当年生枝及时停长成熟，提高树体的抗虫能力。

（3）*诱杀*　在夏季夜晚设置黑光灯或频振式杀虫灯，利用其趋光性，诱杀成虫。另外，还可利用黄板以及糖醋液诱杀成虫。

（4）*药剂防治*　应抓好越冬代成虫出蛰活动的盛期，第1代、第2代若虫孵化盛期。优先选用内吸性杀虫剂，或触杀性和内吸性杀虫剂相结合。喷药应均匀周到。园内的间作物及附近杂草也应同时喷药。4 ～ 8月虫口密度大时，发生严重的果园，可以用90%敌百虫晶体、80%敌敌畏乳油、10%吡虫啉可湿性粉剂2 000倍液、2.5%溴氰菊酯2 000倍液、2.5%氯氰菊酯乳油3 000倍液、25%噻嗪酮可湿性粉剂1 000 ～ 1 500倍液、5%啶虫脒可湿性粉剂2 000 ～ 3 000倍液或50%辛硫磷乳油1 000倍液全园喷雾防治，每7 ～ 10天喷1次，连喷2 ～ 3次，以消灭迁飞来的成虫。

斑衣蜡蝉 刺吸汁液

斑衣蜡蝉（*Lycorma delicatula*）属半翅目蜡蝉科，俗称花姑娘、红娘子、椿蹦、花蹦蹦等。

【危害特点】 斑衣蜡蝉以成虫、若虫群集在叶背、嫩梢上刺吸危害，被害部位形成白斑而枯萎，嫩梢萎缩、畸形等，影响植株生长（图8-151、图8-152）。斑衣蜡蝉栖息时头翘起，有时可见数十头群集在新梢上，排列成一条直线；能分泌含糖物质，引起被害植株发生猕猴桃煤污病，叶面变黑，影响叶片光合作用，严重影响植株的生长和发育。

图8-151 斑衣蜡蝉成虫刺吸危害猕猴桃主干

图8-152 斑衣蜡蝉若虫群集危害猕猴桃枝蔓

【形态特征】

成虫：雄虫体长13 ～ 17毫米，翅展40 ～ 45毫米；雌虫体长17 ～ 22毫米，翅展50 ～ 52毫米。全身灰褐色，常覆白色蜡粉。体隆起，头部小，头角向上卷起，呈短角突起。触角在复眼下方，鲜红色。

前翅革质，基部2/3为淡褐色，翅面具有20个左右的黑点；端部1/3为深褐色，脉纹白色；后翅膜质，基部鲜红色，具有黑点；翅端及脉纹为黑色（图8-153）。

图8-153　斑衣蜡蝉成虫

卵：长椭圆形，似麦粒，长径约3毫米，短径约2.0毫米，背面两侧具凹线，中部隆起，隆起的前半部有长卵形的盖。卵块上覆一层灰色土状分泌物（图8-154）。

图8-154　斑衣蜡蝉卵块
（A.卵块产于枝蔓上　B.卵块产于果实上）

若虫：略似成虫，共4龄。体扁平，头尖长，足长，静如鸡，初孵白色，后渐变黑色。一至三龄若虫体黑色且布许多小白斑点。四龄若虫体背面红色，布黑色斑纹和白点，翅芽明显见于体两侧。足黑色，布有白色斑点，后足发达善跳（图8-155至图8-157）。

图8-155　斑衣蜡蝉初孵若虫

图8-156　斑衣蜡蝉低龄若虫

【生活史及习性】 斑衣蜡蝉一年发生1代，以卵在树干或附近建筑物上越冬。翌年4月中旬开始孵化，并群集嫩茎和叶背危害，5月上旬为盛孵期。若虫期约60天，脱皮4次羽化为成虫。经三次蜕皮，6月中、下旬至7月上旬羽化为成虫，活动危害至10月。8月中旬开始交尾产卵，直至10月下旬逐渐死亡。卵多产在树干的背阴面，或树枝分叉处。一般每块卵有40 ~ 50粒，多时可达百余粒，卵块排列整齐，覆有一层灰色土状分泌物。

图8-157　斑衣蜡蝉四龄若虫

成、若虫喜干燥炎热天气，具有群集性，常数十至百头栖息于枝干、枝叶与叶柄上，飞翔力较弱，但善于跳跃，受惊扰即跳跃逃避，成虫常以跳助飞或假死状。成虫寿命4月余，成、若虫危害时间共达6月之久。若8 ~ 9月温度低、湿度高常使产卵量、孵化率下降，使翌年虫口大减。反之，秋季干旱少雨，易成灾。

【防治方法】

（1）清除果园　周围的寄主植物。如臭椿和苦楝等，以降低虫源密度减轻危害。

（2）人工除卵　结合冬季修剪，刮除树干上的卵块。

（3）保护和利用天敌　如寄生蜂等，以控制斑衣蜡蝉。

（4）药剂防治　抓住若虫盛发期喷药防治。成、若虫发生期，可选用50%辛硫磷乳油2 000倍液、50%敌敌畏乳剂1 000倍液、10%吡虫啉可湿性粉剂2 000 ~ 3 000倍液、25%噻虫嗪水分散粒剂4 000 ~ 5 000倍液、2.5%氯氟氰菊酯乳油2 000倍液或10%氯氰菊酯乳油2 000 ~ 2 500倍液进行喷雾防治。

介壳虫　刺吸汁液

危害猕猴桃的介壳虫主要有草履蚧[*Drosicha corpulenta* (Kuwana)]和桑盾蚧[*Pseudaulacaspis pentagona*（Targioni-Tozzetti）]（又叫桑白蚧）。

【危害特点】 介壳虫在叶片、枝蔓和果实上吸食汁液为生，被害植株生长不良，严重时还会出现叶片发黄、枝梢枯萎、树势衰退或全株枯萎死亡，且易诱发猕猴桃煤烟病（图8-158至图8-160）。

图8-158　草履蚧危害主干

图8-159　草履蚧危害嫩梢

图8-160　桑白蚧危害猕猴桃枝干

【形态特征】

扁平的卵形躯体，具有蜡腺，能分泌蜡质介壳。介壳形状因种而异，常见的有圆形、椭圆形、线形或牡蛎形。雌虫无翅，足和独角均退化。若虫孵化后可移动觅食，稍长则脚退化，终生寄居在枝、叶或果实上危害；雄虫能飞，有1对膜质前翅，后翅特化为平衡棒。足和触角发达，刺吸式口器。体外被有蜡质介壳。卵通常埋在蜡丝块中、雌体下或雌虫分泌的介壳下。

（1）草履蚧

成虫：雌雄异型，雌虫体长7.8 ~ 10.0毫米，宽4.0 ~ 5.5毫米。扁平椭圆形，似草鞋。体褐或红褐色，背面棕褐色，腹面黄褐色，周缘淡黄，体背常隆起，肥大，腹部具横皱褶凹陷。体被稀疏微毛和一层霜状蜡粉。触角8节，节上多粗刚毛。足黑色，粗大（图8-161A）。雄虫体长5.0 ~ 6.5毫米，翅展约10毫米。复眼较突出。翅淡黑色。触角黑色丝状10节，除1 ~ 2节外，各节均环生3圈细长毛。腹末具枝刺17根（图8-161B）。

卵：椭圆形，初产黄白色，渐呈黄红色，产于卵囊内，卵囊为白色绵状物，其中含卵近百粒。

图8-161　草履蚧成虫
（A.雌成虫　B.雄成虫）

图8-162　草履蚧若虫

若虫：除体形较雌成虫小，色较深外，其余皆相似（图8-162）。

蛹：仅雄虫有蛹，圆筒状，褐色，长约5.0毫米，外被白色绵状物。有白色薄层蜡茧包裹，有明显翅芽。

（2）桑盾蚧

成虫：雌雄异型。雌虫体长0.8 ~ 1.3毫米，宽0.7 ~ 1.1毫米。淡黄色至橘红色，臀板区红色或红褐色。介壳近圆形，直径2 ~ 2.5毫米，灰白色至黄褐色，脱皮壳橘黄色，位于介壳近中部，背面有螺旋形纹，中间略隆起，壳点黄褐色，偏向一方（图8-163A）。雄虫有翅，体长0.6 ~ 0.7毫米，翅展约1.8毫米。只有1对前翅，呈卵圆形，灰白色，被细毛。后翅退化成平衡棒，身体橙黄色至橘红色。触角念珠状，各节生环毛。介壳细长，长1.2 ~ 1.5毫米，白色，背面有3条纵脊，点黄褐，位于前端（图8-163B）。

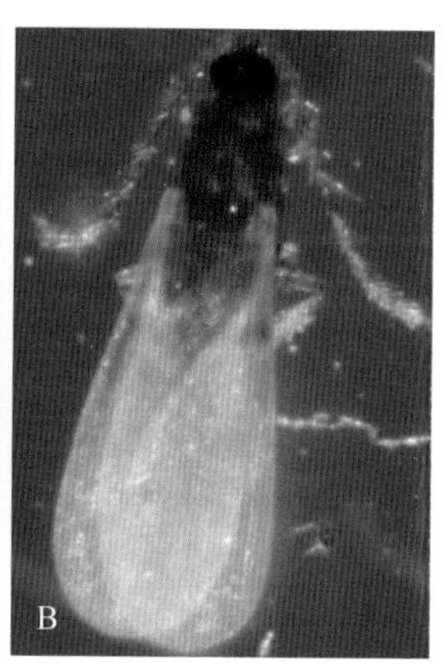

图8-163 桑白蚧成虫
A.雌成虫 B.雄成虫

卵：椭圆形，长约0.25毫米，宽约0.12毫米，初产浅红色，渐变浅黄褐色，孵化前为橘红色。

若虫：初孵扁椭圆形，浅黄褐色，眼、足、触角正常，蜕皮进入二龄时眼、足、触角及腹末尾毛均退化。

蛹：仅雄虫有蛹，橙黄色裸蛹，长0.6 ~ 0.7毫米。

【生活史及习性】介壳虫1年可产生数代。以卵、幼虫和雌性成虫在枝蔓上和土壤中越冬。如草履蚧5月雌虫下树，在树干四周5 ~ 7厘米深的土缝内或石块下越冬，分泌白色绵状卵囊，并产卵于其内，越夏过冬；桑白蚧则以受精雌虫在枝蔓上越冬。

雌成虫和若虫常因被有蜡质介壳，药剂难以渗入，触杀性杀虫剂防治效果不明显，而用内吸性杀虫剂较好。

草履蚧在北方1年发生1代，大多以卵在卵囊中越冬，少数以一龄若虫越冬。翌年2月上旬至3月上旬孵化，孵化后的若虫仍停留在卵囊内，寄主萌动、树液流动时开始出囊上树危害。在陕西若虫上树盛期为3月中旬，3月下旬基本结束。若虫上树多集中于上午10：00至下午2：00，顺树干向阳面爬至嫩枝、幼芽等处吸食危害，初龄若虫行动迟缓，喜群集树杈、树洞及皮缝等隐蔽处。雄若虫蜕皮3次化蛹，蛹期约10天；雌若虫则羽化为成虫，5月上中旬为羽化期，5月中旬为交尾盛期，5月中下旬雌虫开始下树入土分泌卵囊，在其中产卵，以卵越夏越冬。

桑白蚧在北方年发生2代，以受精雌成虫越冬。翌年树液流动后开始危害，4月下旬开始产卵，4月底5月初为产卵盛期，初孵若虫分散爬行到2～5年生枝蔓上取食，以枝杈处和阴面较多，7～10天后便固定在枝蔓上，分泌棉毛状蜡丝，逐渐形成介壳。5月上旬为产卵末期，单雌产卵量约135粒。卵期10天左右，5月上旬开始孵化，5月中旬为孵化盛期，5月下旬为孵化末期，6月中旬开始羽化，6月下旬为盛期。第2代7月下旬为产卵盛期，7月底为卵孵化盛期，8月末为羽化盛期。交尾后雄虫死亡，雌虫继续危害至秋后开始越冬。

【防治方法】

（1）*加强检疫*　加强苗木和接穗的检疫，杜绝带虫劣质苗木、接穗远距离传播扩散。

（2）*清除虫源*　结合秋冬季翻树盘、施基肥等管理措施，挖除土缝中、杂草下及地堰等处的卵块并烧毁。结合冬剪，先刮掉老翘树皮，剪掉害虫聚集的枝蔓，带出园外烧毁或深埋，再用生石灰、盐、水、植物油和石硫合剂按1 ：0.1 ：10 ：0.1 ：0.1的比例配成涂白剂，对主干和粗枝进行涂白。4月中旬树下挖坑，内置树叶，引诱雌成虫入坑产卵后加以消灭。果树休眠期用硬毛刷或细钢丝刷，刷掉枝上的虫体，在冬剪时，剪除虫体较多的辅养枝。

（3）阻止上树 1月底草履蚧若虫上树前，在树干离地50厘米处，先刮去1圈老粗皮，再绑高度大于10厘米的涂抹上药膏的塑料胶带或涂抹含菊酯类药剂的黄油，阻止若虫上树。此期应及时检查，保持胶的黏度，如发现黏度不够，添补新虫胶，对未死若虫可人工捕杀。

（4）生物防治 介壳虫有许多的天敌，如桑盾蚧的天敌红点唇瓢虫。可采用引种、人工繁殖释放的措施，增加天敌数量，控制介壳虫危害。

（5）药剂防治 早春萌芽前喷布3～5波美度石硫合剂、45%结晶石硫合剂20～30倍液或柴油乳剂50倍液。春季进行监测，若虫孵化期及时喷药防治。卵孵盛期，可用48%毒死蜱乳油2 000倍液、52.25%氯氰·毒死蜱乳油2 000倍液或40%水胺硫磷乳油2 000倍液等喷雾均有较好效果。介壳形成初期，可用40%杀扑磷1 500倍液、25%噻嗪酮1 000～2 000倍液、5%吡虫啉乳油2 000倍液或95%机油乳剂200倍液加40%水胺硫磷1 000倍液喷雾，防效显著。介壳形成期即成虫期，可用松脂合剂20倍液、40%松脂酸钠可溶粉剂（融杀蚧螨）80倍液或机油乳剂60～80倍液，可融解介壳杀死成虫。

隆背花薪甲 食果害虫

隆背花薪甲［*Cortinicara gibbosa* (Herbst)］俗称小薪甲，属鞘翅目薪甲科花薪甲属害虫。

【危害特点】隆背花薪甲主要危害美味猕猴桃幼果期果实，单个果不危害，只在两个相邻果挤在一块时危害（图8-164），取食果面皮层和果肉，取食深度一般可达果面下2～3毫米，并形成浅的针眼状虫孔，这些虫孔常常连片，并滋生霉层，受害部位果面皮

图8-164 隆背花薪甲危害猕猴桃果实

层细胞逐渐木栓化，呈片状隆起结痂，受害后小孔表面下果肉坚硬，味道差，丧失商品价值。受害果采前变软脱落或贮藏期提前软化。

【形态特征】

成虫：体长1.0 ~ 1.5毫米，宽0.5 ~ 0. 6毫米。倒卵圆形，体色棕黄色至棕褐色。头宽略小于前胸背板，被刻点。触角11节，颜色稍浅于体色，触角基部2节较粗，第1节端部膨大。前胸背板近方形，中胸小盾片较小，近方形。鞘翅被细小刻点，纵向排列成16列，每刻点均有1根卧毛；后翅膜质。足细长，颜色稍浅于体色。腹部可见背板8节，被毛及刻点。一般雌虫腹板可见5节，雄虫腹板可见6节（图8-165）。

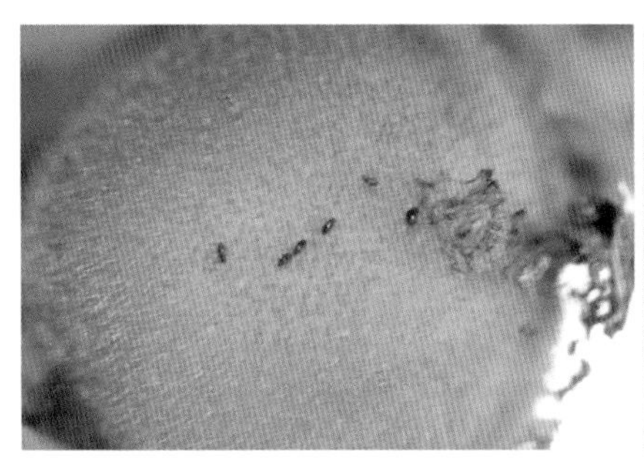

图8-165　隆背花薪甲成虫

卵：微小，长椭圆形，乳白色，半透明。

幼虫：3对足，乳白色。头部暗棕色。足棕色，颜色稍浅于头部。腹节可见9节，体被稀疏的刚毛。

蛹：乳白色，离蛹，无包被。

【生活史及习性】隆背花薪甲在陕西1年发生2代，冬季以卵在主蔓裂缝、翘皮缝、落叶或杂草中潜伏越冬。次年5月中旬猕猴桃开花时，第1代成虫孵化出现，当气温上升25℃以上时孵化最快，出来后先在蔬菜、杂草上危害。5月下旬至6月上旬主要危害猕猴桃，在相邻两果之间取食。气温升高，成虫最活跃。到6月下旬危害减轻，7月中旬出现第2代成虫，对猕猴桃危害较轻。10月下旬成虫又回到猕猴桃枝蔓皮缝、落叶、杂草中越冬。高温干旱，繁殖快数量多，发生严重。

【防治方法】

（1）加强果园管理　冬季彻底清园，刮翘皮集中烧毁。合理负载，疏除畸形果，尽量选留单果，避免选留相邻的两个或多个果实。

（2）套袋 套袋可以隔开相邻的果实避免隆背花薪甲危害。

（3）药剂防治 5月中旬当猕猴桃花开后，及时选择高效、低毒、低残留农药在傍晚或阴天进行防治。可选用2.5%三氟氯氰菊酯乳油1 500 ~ 2 000倍液、2.5%溴氰菊酯乳油1 500 ~ 2 000倍液或1.8%阿维菌素乳油2 500 ~ 3 000倍液，每隔10 ~ 15天喷1次，连喷2次。

温馨提示

喷药时要均匀喷药，特别要注意猕猴桃相邻两果（甚至三、四个果）之间一定要喷到。

猕猴桃准透翅蛾 蛀干害虫

猕猴桃准透翅蛾（*Paranthrene actinidiae* Yang et Wang）属鳞翅目透翅蛾科准透翅蛾亚科准透翅蛾属，主要危害中华猕猴桃和毛花猕猴桃，毛花猕猴桃受害较轻。

【危害特点】初孵幼虫蛀入后，嫩芽坏死，枝梢枯萎，随后自蛀口爬出，沿枝梢向下再蛀入危害。三至四龄幼虫直接侵蛀粗的枝蔓或主干。蛀入孔有白色胶状树液外流。幼虫蛀入后先在木质部和韧皮部绕枝干蛀成环形蛀道，蛀口附近增生瘤状虫瘿，外皮裂开。幼虫在枝干中纵向将木质部和髓心蛀食殆尽，仅存树皮，造成枯枝或风折，甚至整株枯死。

【形态特征】

成虫：较大，形似胡蜂。雄蛾前翅透明，烟黄色；雌蛾前翅不透明，黄褐色。后翅均透明，略带淡烟黄色（图8-166A）。

卵：初产浅褐色，椭圆形，中部微凹，密布不规则多边形小刻纹。孵化时棕褐色，不透明。

幼虫：初孵时黄白色，体长2.8 ~ 3.0毫米，老熟时灰褐色，体长21.6 ~ 30.6毫米，体表仅有稀疏黄褐色原生刚毛（图8-166B）。

蛹：纺锤形，黄褐色，体长24 ～ 29毫米（图8-166C）。

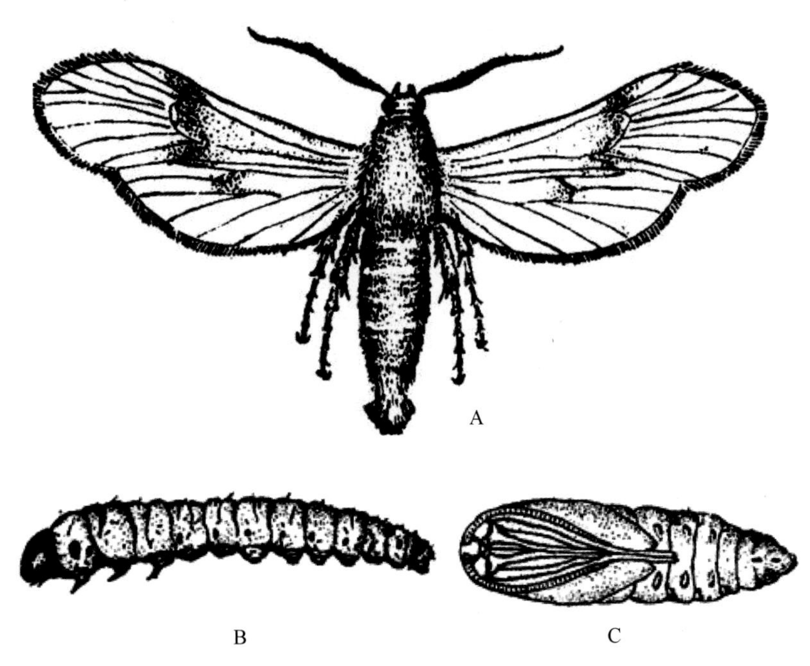

图8-166　猕猴桃准透翅蛾形态特征
（A.成虫　B.幼虫　C.蛹）

【生活史及习性】 猕猴桃准透翅蛾1年发生1代，以三至四龄幼虫在枝蔓蛀道中越冬。越冬幼虫出蛰后转枝危害，一般出蛰转枝迁移1次。转枝危害盛期在3月上中旬的萌芽期。7月下旬开始羽化，8月下旬至9月上旬为羽化盛期。蛀入枝蔓后有白色胶状树液自蛀口流出，翌月可见蛀口有褐色虫粪及碎屑堆积在细枝上。幼虫直接侵入髓部并向上凿蛀，导致蛀口上部枝蔓枯死，继而转向下段活枝蔓侵蛀。三至四龄幼虫直接侵蛀粗壮枝干，在蛀口处附近形成瘤状虫瘿。树龄5年生以上受害严重，离地30厘米处主干围径超15厘米的植株被害株率可达100%。

【防治方法】

(1)适时修剪　结合冬季清园修剪，剪除虫枝，压低越冬虫源。夏季发现嫩梢被害及时剪除，杀灭低龄幼虫，减少后期转枝危害。

(2)药剂防治　在春季猕猴桃展叶前及时喷药保护。幼虫出蛰转枝之前，春季萌芽前的伤流期是最佳防治期。可选用90%敌百虫晶体1 000倍液、80%敌敌畏乳油1 000倍液、1.8%阿维菌素乳油2 500 ~ 3 000倍液或2.5%溴氰菊酯乳油2000倍液等药剂。根据蛀孔外堆有粪屑的特点寻找蛀孔，用注射器将80%敌敌畏乳油50倍液注入蛀孔，用泥封闭熏杀幼虫。

叶螨　刺吸汁液

危害猕猴桃的叶螨主要有山楂叶螨（*Tetranychus viennensis* Zacher）和二斑叶螨（*T. urticae* Koch）等，均属蛛形纲蜱螨目叶螨科。

【危害特点】叶螨以刺吸式口器吸食猕猴桃嫩芽、嫩梢和叶片的汁液，被害部位出现黄白色到灰白色失绿小斑点，严重时连片焦枯脱落(图8-167、图168)。

图8-167　猕猴桃叶片出现失绿斑点

图8-168　猕猴桃叶片焦枯

【形态特征】

(1) 山楂叶螨

成螨：雌成螨卵圆形，体长0.54 ~ 0.59毫米，冬型鲜红色，夏型暗红色。雄成螨纺锤形，体长0.35 ~ 0.45毫米，第一对足较长，体前黄绿色至浅橘黄色，体背两侧各具1个黑绿色斑（图8-169)。

卵：圆球形，春季产卵呈橙黄色，夏季产的卵呈黄白色。

幼螨：初孵幼螨体圆形、黄白色，取食后为淡绿色，3对足。

若螨：4对足。前期若螨体背开始出现刚毛，两侧有明显墨绿色斑，后期若螨体较大，体形似成螨。

图8-169　山楂叶螨成螨

（2）二斑叶螨

成螨：雌成螨椭圆形，体长0.42～0.59毫米，体背有刚毛26根，排成6横排。体色多变，生长季节为白色、黄白色，体背两侧各具1块黑色长斑。雄成螨体长0.26毫米，近卵圆形，前端近圆形，腹末较尖，多呈绿色（图8-170）。

图8-170　二斑叶螨成螨

卵：球形，长0.13毫米，光滑，初产为乳白色，渐变橙黄色，即将孵化时现出红色眼点。

幼螨：初孵时近圆形，0.15毫米，白色，取食后变暗绿色，眼红色，足3对。

若螨：前若螨体长0.21毫米，近卵圆形，足4对，色变深，体背出现色斑。后若螨体长0.36毫米，与成螨相似。

【生活史及习性】 叶螨繁殖速度快，1年数代到数十代，高温干旱条件发生严重。

山楂叶螨1年发生6～10代，以受精雌成螨在枝干翘皮和裂缝处、果树根颈周围土缝、落叶及杂草根部越冬，花芽开放时越冬螨大量上树危害，先集中于树冠内膛局部危害，5～6月向树冠外围转移。常群集于叶背危害，有吐丝拉网的习性。

二斑叶螨1年发生7～9代，以受精雌螨在枝干裂缝、果树根颈部及落叶、覆草下越冬。6月下旬至8月下旬种群增长快，危害最重。

【防治方法】

(1) 冬季清园，春季中耕　冬季清除杂草及病虫枝，刮除树干上的翘皮、粗皮，带出集中烧毁，消灭越冬虫源。春季及时中耕除草，特别要清除阔叶杂草，及时剪除树根上的萌蘖，消灭叶螨。

(2) 保护和利用天敌　叶螨的天敌有异色瓢虫（*Harmonia axyridis*）、深点食螨瓢虫（*Stethorus punctillum*）、束管食螨瓢虫（*Stethorus chengi*）、小黑花蝽（*Orius minutus*）、塔六点蓟马（*Scolothrips takahashii*）、中华草蛉（*Chrysoperla sinsca*）、东方钝绥螨（*Amblyseius orientalis*）、西方盲走螨（*Typhlodromus occidentalis*）、胡瓜钝绥螨（*Amblyseius cucumeris*）等。果园种草，为天敌提供补充食料和栖息场所。或帮助迁移、释放捕食性天敌等，以虫治虫。局部使用高效低毒农药，保护天敌。

(3) 药剂防治。

①杀灭越冬螨。秋季绑草圈，春季刮除老翘树皮并烧毁（山楂叶螨、二斑叶螨），喷3～5波美度的石硫合剂；果树发芽前喷5%柴油乳剂杀越冬卵（苹果全爪螨、果苔螨）。

②关键时期喷药防治。越冬雌螨出蛰盛期和第一代幼螨发生期，喷施2%阿维菌素乳油2 000～3 000倍液、10%浏阳霉素乳油1 500～2 000倍液、50%硫悬浮剂200～400倍液、5%噻螨酮乳油2 000倍液、73%克螨特乳油3 000～4 000倍液、20%甲氰菊酯乳油3 000倍液或15%哒螨灵乳油2 000～3 000倍液等药剂。

斜纹夜蛾　食叶害虫

斜纹夜蛾[*Spodoptera litura* (Fabricius)]属鳞翅目夜蛾，是一种杂食性和暴食性害虫，可危害十字花科蔬菜、瓜类、茄子、豆类、葱、韭菜、菠菜以及粮食、经济作物等近100科300多种植物。

【危害特点】以幼虫咬食叶片危害，初龄幼虫啃食叶片下表皮及叶肉，仅留上表皮呈透明斑；四龄以后进入暴食期，咬食叶片，仅留主脉（图8-171）。

图8-171　斜纹夜蛾危害猕猴桃叶片

【形态特征】

成虫：体长14 ～ 20毫米，翅展33 ～ 45毫米，体暗褐色，胸部背面有白色丛毛。前翅灰褐色，花纹多，内横线和外横线灰白色，呈波浪形，中间有明显的白色斜阔带纹，故称斜纹夜蛾。在环状纹与肾状纹间有3条白色斜纹，肾状纹前部呈白色，后部呈黑色。后翅白色，无斑纹（图8-172）。

图8-172　斜纹夜蛾成虫

卵：扁平的半球状，直径0.4 ～ 0.5毫米，初产黄白色，后变为暗灰色，孵化前为紫黑色。卵粒集结成3 ～ 4层卵块黏合在一起，上覆黄褐色绒毛。

幼虫：共6龄。体长33 ～ 50毫米，头部黑褐色，胸部多变，从土黄色到黑绿色都有，体表散生小白点，从中胸至第9腹节亚背线内侧各有1对近似三角形的半月形黑斑（图8-173、图8-174）。

蛹：体长15 ～ 20毫米，圆筒形，红褐色。尾部有1对强大而弯曲的刺（图8-175）。

【生活史及习性】斜纹夜蛾1年发生4 ～ 9代。以蛹在土中蛹室内

图8-173　斜纹夜蛾低龄幼虫

图8-174　斜纹夜蛾老熟幼虫

图8-175　斜纹夜蛾蛹

越冬，少数以老熟幼虫在土缝、枯叶、杂草中越冬。南方冬季无休眠现象。该虫喜温，耐高温，不耐低温，长江以北地区大都不能越冬，2代、3代、4代幼虫分别发生在6月、7月、8月的下旬，7～9月危害严重，幼虫四龄后食量猛增进入暴食期，猖獗时可吃尽大面积寄主植物叶片，并迁徙他处危害。幼虫四龄以后和成虫一样，白天躲在叶下土表处或土缝里，傍晚后爬到植株上取食叶片。成虫具趋光性和趋化性。成虫白天潜伏在叶背或土缝等阴暗处，夜间出来活动。卵多以卵块产于叶片背面，每头雌蛾能产卵3～5块，每块有卵100～200个，卵经5～6天就能孵出幼虫，初孵时聚集于叶背，幼虫有假死性。

【防治方法】

（1）消灭越冬虫源　冬季清除田间杂草，结合施基肥翻耕晒土或灌水，以破坏或恶化其化蛹场所，减少虫源。

（2）人工捕杀　产卵盛期勤检查，一旦发现卵块、群集危害的初孵幼虫和新筛网状被害叶，立即摘除并销毁，以减少虫源。

（3）诱杀成虫　悬挂频振式杀虫灯诱杀成虫；用糖醋液诱杀成虫，可用糖6份、醋3份、白酒1份、水10份、90%敌百虫晶体1份，调匀后装在离地0.6 ~ 1米的盆或罐中，置于田间诱杀成虫；在田间悬挂斜纹夜蛾性诱剂，诱杀雄虫。

(4) 药剂防治　喷药防治要早发现，早打药，应掌握在一至二龄幼虫期，喷药时间掌握在早晨和傍晚，喷药水量要足，植株基部和地面都要喷雾，且药剂要轮换使用。防治药剂可选用生物性杀虫剂如Bt乳剂或青虫菌6号液剂500 ~ 800倍液、20%灭幼脲1号胶悬剂500 ~ 1 000倍液、25%灭幼脲3号胶悬剂500 ~ 1 000倍液或斜纹夜蛾核型多角体病毒200亿PIB/克水分散粒剂10 000 ~ 15 000倍液喷施等；也可以选用高效低毒的化学药剂如20%氰戊菊酯乳油1 000 ~ 1 500倍液、5% S-氰戊菊酯乳油3 000 ~ 4 000倍液或80%敌敌畏乳油1 500倍液等。

黄斑卷叶蛾　食叶害虫，卷叶危害

黄斑卷叶蛾（*Acleris fimbriana* Thunberg）又名黄斑长翅卷蛾，属鳞翅目卷蛾科，主要危害猕猴桃、苹果、桃、杏、李、山楂等果树。

【危害特点】幼虫吐丝将数片叶子连接在一起，或将叶片沿主脉间正面纵折，藏于其间取食危害，常造成大量落叶，影响当年果实质量和来年花芽的形成。

【形态特征】

成虫：体长7 ~ 9毫米，翅展17 ~ 21毫米。分为夏型和冬型。夏型成虫的头、胸部和前翅金黄色；翅面分散有银白色突起的鳞片丛，后翅灰白色；缘毛黄白色；复眼红色（图8-176）。冬型成虫的头、胸部和前翅暗褐色，散生有黑色或褐色鳞片，后翅灰褐色，复眼黑色。

图8-176　黄斑卷叶蛾成虫（夏型）

卵：扁椭圆形，长径约0.8毫米，短径约0.6毫米，淡黄白色，半透明，近孵化时，表面有一红圈。

幼虫：老熟幼虫体长约22毫米，体黄绿色，头黄褐色。

蛹：黑褐色，9 ～ 11毫米，头顶端有1个向后弯曲角状突起，基部两侧各有2个瘤状突起。

【生活史及习性】 黄斑卷叶蛾1年发生3 ～ 4代。以冬型成虫在杂草、落叶及向阳处的石块缝隙中越冬。次年3月上旬花芽萌动时出蛰活动，3月下旬至4月初为出蛰盛期。第1代发生期为6月上旬，第2代在7月下旬至8月上旬，第3代在8月下旬至9月上旬，第4代在10月中旬。第1代初孵幼虫危害花芽或芽的基部。展叶后，吐丝卷叶成簇或沿主脉向正面纵卷，在其中食害。一至二龄幼虫啃食叶肉，三龄后蚕食叶片只剩叶柄。末龄幼虫转移到新叶片结茧化蛹。幼虫期25 ～ 26天。幼虫不活泼，有转叶危害的习性。成虫对光和糖醋液有趋性。

【防治方法】

（1）消灭越冬虫源　冬季清理果园杂草、落叶，集中处理，消灭越冬成虫。

（2）人工捕杀　在幼虫危害初期及时进行人工捕杀。

（3）药剂防治　防治的关键期为1 ～ 2代卵孵化盛期，即4月上中旬和6月中旬。可用2.5%三氟氯氰菊酯乳油1 500 ～ 2 000倍液或80%敌敌畏乳油1 500倍液喷雾防治。

苹小卷叶蛾　食叶害虫，卷叶危害

苹小卷叶蛾（*Adoxophyes orana* Fisher von Roslersta）又叫苹卷蛾、黄小卷叶蛾、溜皮虫，属鳞翅目卷蛾科。分布于东北、华北、华中、西北、西南等地区。

【危害特点】 幼虫吐丝缀连叶片，潜居缀叶中食害，新叶受害严重（图8-177）。当果实稍大常将叶片缀连在果实上，幼虫啃食果皮及果肉，形成疤果、凹痕等残次果。

图8-177　苹小卷叶蛾叶片危害状及成虫

【形态特征】

成虫：体长6～8毫米，黄褐色。前翅的前缘向后缘和外缘角有2条深褐色斜纹，其中一条自前缘向后缘达到翅中央部分时明显加宽。前翅后缘肩角处及前缘近顶角处各有1条小的褐色纹（图8-177）。

卵：扁平椭圆形，淡黄色半透明，数十粒排成鱼鳞状卵块。

幼虫：细长，头较小呈淡黄色。低龄幼虫黄绿色，高龄幼虫翠绿色。

蛹：黄褐色，腹部背面每节有刺突两排，下面一排小而密，尾端有8根钩状刺毛。

【生活史及习性】陕西关中地区苹小卷叶蛾1年发生4代。以低龄幼虫在老翘树皮下、剪锯口周缘裂缝中结白色薄茧越冬。翌年萌芽后出蛰，吐丝缠结幼芽、嫩叶和花蕾危害，长大后则多卷叶危害，老熟幼虫在卷叶中结茧化蛹。3代发生区，6月中旬越冬代成虫羽化，7月下旬第1代羽化，9月上旬第1代羽化；4代发生区，越冬代为5月下旬，第1代为6月末至7月初，第2代在8月上旬，第3代在9月中羽化。成虫昼伏夜出，有趋光性和趋化性，对果醋和糖醋都有较强的趋性。设置性信息素诱捕器，均可用于直接监测成虫发生期的数量变化。幼虫有转果危害的习性，1头幼虫可转果危害6～8个果实。

【防治方法】

（1）人工摘除虫苞　从落花后越冬代幼虫开始卷叶危害后，及时检查，人工摘除虫苞。

（2）诱杀成虫　利用成虫的趋化性，用糖醋液诱杀成虫；利用成虫的趋光性，用黑光灯或频振式杀虫灯诱杀成虫；还可用性诱剂诱杀。

（3）释放天敌　出现越冬成虫后，开始释放松毛虫赤眼蜂，一般每隔6天放蜂1次，连续放4～5次，每公顷放蜂约150万头，卵块寄生率可达85%左右，可基本控制危害。

（4）药剂防治　在早春刮除枝干的老翘皮和剪锯口周缘的裂皮等后，用80%敌敌畏乳油300～500倍液涂刷剪锯口，杀死其中的越冬幼虫。第1代卵孵化盛期及低龄幼虫期喷药防治，可选用95%敌百虫晶体1 000～2 000倍液或50%敌百虫可溶粉剂800～1 000倍液。注意不要在坐果前后使用，以免发生药害。也可选用Bt乳剂或25%灭幼脲悬浮剂3号1 000～1 500倍液等生物制剂防治。

五点木蛾

五点木蛾（*Odites issiki* Takahashi ）又称梅木蛾、樱桃木蛾，属鳞翅目木蛾科，是猕猴桃生产上的重要害虫，具有多食性。

【危害特点】初孵幼虫在叶上构筑“一”字形隧道，居中咬食叶片组织，二至三龄幼虫在叶缘卷边，食害两端叶肉，老熟后幼虫将叶边缘横切一段，吐丝纵卷成长约1厘米的虫苞，幼虫潜藏其中取食。

【形态特征】

成虫：雌虫体长9 ~ 11毫米，翅展16 ~ 20毫米；雄虫体长7 ~ 8毫米，翅展14 ~ 16毫米。成虫前翅淡灰褐色，后翅灰白色。前翅中室中部横列各2个褐色圆形斑，与前胸背板上的1个褐色圆形斑共形成5个斑，故有五点木蛾之称。由翅顶角至臀角沿外缘内侧，排列有8 ~ 10个棕褐色斑点；中室至外缘间尚有大小不等的许多分散的棕褐色小点。雌虫触角丝状，光裸无毛；雄虫纺锤形，多毛（图8-178A）。

卵：椭圆形，极小，长约0.5毫米，宽约0.3毫米，淡黄色或黄色，卵面上有突起花纹（图8-178B、图8-178C）。

幼虫：蠋型，一龄幼虫体长1.7 ~ 2.9毫米，头胸黑褐色，体黄色。老熟幼虫体长9.1 ~ 9.4毫米，头壳宽约1.4毫米，前胸背板黑褐色，中、后胸及腹部淡绿色，臀节背面色较深，胸足黑褐色。幼虫腹足趾沟为双序全环，臀足趾沟为双序缺环（图8-178D至图8-178G）。

蛹：被蛹，棕红色，体长7.4 ~ 10.5毫米，体宽约2毫米，前顶具额突（供羽化时顶破茧用），尾端具成对的角突（图8-178H）。

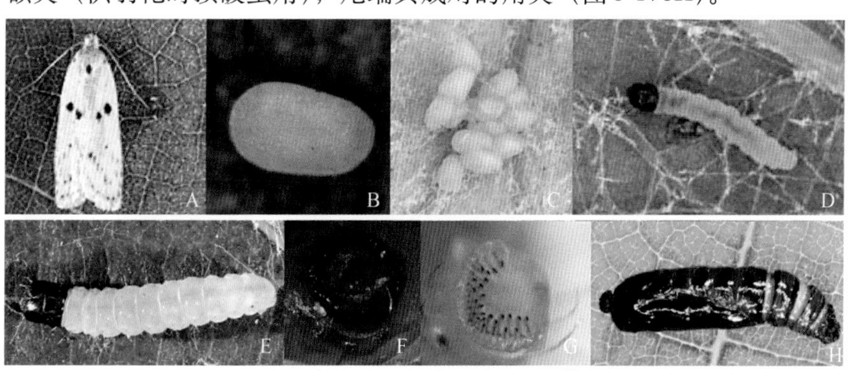

图8-178　五点木蛾形态特征（关天舒等，2016）
（A.成虫　B、C.卵　D、E、F、G幼虫　H.蛹　）

【生活史及习性】 秦岭北麓1年发生3代，第3代初龄幼虫在寄主粗皮裂缝处结成小薄茧越冬。翌年4月上旬出蛰。爬至幼芽处食害新叶，4月下旬至5月中旬为幼虫危害盛期，吐丝将叶片卷成虫苞，潜藏其中取食，并在其中化蛹（5月中旬开始化蛹），虫苞两端的叶组织成缺刻状。

第1代幼虫危害盛期为6月中旬至7月中下旬，第2代幼虫危害盛期为7月下旬至9月中旬，各虫期发生不整齐，持续时间较长，第3代幼虫于9月中旬至10月中旬出现，10月下旬至10月底幼虫开始孵出，初龄幼虫即寻找越冬场所，作小薄茧开始越冬。

初孵幼虫具潜叶性，幼虫喜阴暗怕强光，多在夜间活动取食，白天多潜藏于虫苞中取食两端的叶组织，可转叶危害。幼虫老熟后，隐藏在筒状叶苞内化蛹。初蛹淡黄色，2 ～ 3天后变深褐色，蛹历期约为7.9天。雌成虫可随机将卵产在叶背面、嫩枝上，单产或形成卵块，初孵幼虫即将卵壳吃掉。

温馨提示

不同品种间受害有明显差别，秦美受害最重，秦翠次之，海沃德较轻。同一品种树冠中部叶片受害率和虫口数显著高于上部叶片及下部叶片。

【防治方法】

（1）清除越冬虫源　根据该虫是以初龄幼虫在寄主粗皮裂缝中越冬的习性，冬季或早春刮除树皮、翘皮，消灭越冬幼虫，以压低虫口基数。

（2）诱杀　利用黑光灯或高压汞灯、糖醋液、性诱剂诱捕成虫。

（3）药物防治　在产卵期和初龄幼虫期用药效果最好。越冬幼虫在剪锯口处越冬，因此在出蛰初期可用90%敌百虫晶体200倍液或50%敌敌畏乳油200 ～ 500倍液涂抹剪锯口，消灭其中越冬幼虫，即封闭出蛰前的越冬幼虫。发芽期初龄幼虫出蛰转移危害时，喷洒2.5%三氟氯氰菊酯乳油1 500 ～ 2 000倍液、2.5%溴氰菊酯乳油1 500 ～ 2 000倍液或1.8%阿维菌素乳油2 500 ～ 3 000倍液杀灭幼虫。

猕猴桃生产上常造成危害的软体动物主要有蜗牛和蛞蝓等，一般南方猕猴桃产区危害严重，北方猕猴桃产区偶发危害。

同型巴蜗牛 食叶害虫

同型巴蜗牛[*Bradybaena similaris*（Ferussac）]属软体动物门腹足纲柄眼目巴蜗牛科巴蜗牛属，可危害果树、蔬菜、花卉、棉花等作物。

【危害特点】 同型巴蜗牛主要取食猕猴桃幼嫩枝叶以及果实皮层，被害后，嫩叶呈网状孔洞，幼果呈现不规则凹陷状疤斑，严重影响果实外观和品质。同型巴蜗牛爬过的地方常留有光亮而透明的黏液痕迹，粘在叶片、枝蔓或花瓣上（图8-179），影响植株光合作用，降低植株品质。

图8-179 同型巴蜗牛啃食叶片造成缺刻，叶面上留有其爬过的黏液

【形态特征】

成贝：贝壳呈扁球形，高12毫米，宽16毫米，有5～6个螺层，顶部几个螺层增长缓慢，略膨胀，螺旋部低矮，体螺层增长迅速、膨大。壳顶钝，缝合线深。壳面呈黄褐色或红褐色，有稠密而细致的生长线。体螺层周缘或缝合线处常有1条暗褐色带。壳口呈马蹄形，口缘锋利，轴缘外折，遮盖部分脐孔。脐孔圆孔状，小而深。个体之间形态变异较大（图8-180）。

图8-180 同型巴蜗牛成贝

卵：圆球形，直径2毫米，乳白色有光泽，渐变淡黄色，近孵化时

为土黄色。

幼贝：形似成贝，体形较小。

【生活史及习性】 同型巴蜗牛1年发生1代，11月下旬以成贝和幼贝在田埂土缝、残枝落叶、房前屋后的土缝中越冬。翌年3月上中旬开始活动，白天潜伏，傍晚或清晨取食，遇有阴雨天多整天栖息在植株上。4月下旬到5月上中旬成贝开始交配，后不久把卵成堆产在植株根茎部的湿土中，初产的卵表面具黏液，干燥后把卵粒粘在一起成块状，初孵幼贝多群集在一起取食，长大后分散危害，喜栖息在植株茂密、低洼潮湿处。温暖多雨天气及田间潮湿地块受害重。遇有高温干燥条件，蜗牛常把壳口封住，潜伏在潮湿的土缝中或茎叶下，待条件适宜时，如下雨或灌溉后，于傍晚或早晨外出取食。11月中下旬又开始越冬。同型巴蜗牛喜好阴暗潮湿，多腐殖质的环境，适应性极强；畏光，昼伏夜出，多在傍晚至清晨取食；地面干燥或大暴雨后，沿作物树干上爬，停留在茎和叶片背面；持续降雨天气和密植潮湿果园发生尤为严重。

【防治方法】

（1）*加强果园管理*　合理修剪，提高果园的通风透光能力，降低果园的湿度。

（2）*锄草松土*　蜗牛于雨后大量活动，可利用其喜阴暗潮湿、畏光怕热的生活习性，在天晴后锄草松土，清除树下杂草、石块等，破坏其栖息地的环境可减轻危害。

（3）*人工捕杀*　清晨或阴雨天人工捕捉，集中杀灭。

（4）*在蜗牛活动周围撒施生石灰或食盐*　因为蜗牛表面(除了壳)有一层黏液，有利于蜗牛的运动和皮肤辅助呼吸。当撒上盐后，蜗牛身体接触到盐，其运动和呼吸能力降低。黏液渗到体外，使蜗牛身体萎缩，细胞缺水死亡。

（5）*药剂防治*　防治适期为同型巴蜗牛产卵前。用茶子饼粉3千克撒施或用茶子饼粉1～1.5千克加水100千克浸泡24小时后喷施。天气温暖，土表干燥的傍晚每亩用6%四聚乙醛颗粒剂0.5～0.6千克或3%灭蜗灵颗粒剂1.5～3千克，拌干细土10～15千克均匀撒施于受害株附近根部的行间，2～3天后接触药剂的蜗牛分泌大量黏液而死亡。

野蛞蝓

野蛞蝓（*Agriolimax agrestis* Linnaeus），属软体动物门腹足纲柄眼目蛞蝓科野蛞蝓属，食性杂，可危害果树、蔬菜、绿肥作物等。

【危害特点】 野蛞蝓喜食幼芽、幼苗及嫩叶，造成缺苗断垄。也可取食果实，残留白色黏液等，影响果实商品价值

【形态特征】

成体：体长30 ~ 60毫米，体宽4 ~ 6毫米，长梭形，柔软、光滑而无外壳，体表暗黑色、暗灰色、黄白色或灰红色。触角2对，暗黑色；下边的1对短，约1毫米，称前触角，有感觉作用；上边的1对长约4毫米，称后触角，端部具眼。口腔内有角质齿舌。体背前端具外套膜，为体长的1/3，边缘卷起，其内有退化的贝壳(即盾板)，上有明显的同心圆线，即生长线。同心圆线中心在外套膜后端偏右。呼吸孔在体右侧前方，其上有细小的色线环绕。黏液无色。在右触角后方约2毫米处为生殖孔（图8-181）。

图8-181 野蛞蝓分泌黏液

卵：椭圆形，韧而富有弹性，直径2.0 ~ 2.5毫米。白色透明可见卵核，近孵化时色变深。

幼体：初孵幼虫体长2 ～ 2.5毫米，淡褐色，体形同成体。

【生活史及习性】野蛞蝓以成体或幼体在作物根部湿土下越冬。5 ～ 7月在田间大量活动危害，入夏气温升高，活动减弱，秋季气候凉爽后，又开始活动危害。在南方每年4 ～ 6月和9 ～ 11月有2个活动高峰期，在北方7 ～ 9月危害较重。野蛞蝓喜欢在潮湿、低洼果园危害。梅雨季节是危害盛期。一个世代约250天，5 ～ 7月产卵，卵期16 ～ 17天，从孵化至成贝性成熟约55天。成贝产卵期可长达160天。野蛞蝓雌雄同体，异体受精，也可同体受精繁殖。卵产于湿度大且隐蔽的土缝中，每隔1 ～ 2天产1次，1 ～ 32粒，每处产卵10粒左右，平均产卵量为400余粒。野蛞蝓怕光，强光下2 ～ 3小时即死亡，多在夜间活动，从傍晚开始出动，晚上10：00 ～ 11：00达高峰，清晨之前潜入土中或隐蔽处。耐饥力强，在食物缺乏或不良条件下能不吃不动。阴暗潮湿的环境易于大发生，当气温11.5 ～ 18.5℃，土壤含水量20% ～ 30%时，对其生长发育最为有利。

【防治方法】

（1）农业防治　及时中耕，清洁田园，防治杂草丛生，秋季翻耕破坏其栖息环境。施用充分腐熟的有机肥，创造不利于野蛞蝓发生和生存的条件。

（2）诱杀　傍晚在危害严重的果园撒一些幼嫩的莴笋叶、白菜叶，清晨揭开叶片，进行人工捕杀。

（3）驱避　危害期在植株基部撒施生石灰或草木灰。生石灰每亩用5 ～ 7千克撒施。

（4）药剂防治　可每亩用6%四聚乙醛颗粒剂500克在傍晚撒施于植株茎基部防治。

专栏

病虫害综合防治

猕猴桃病虫害的防治原则是“预防为主，综合防治”。综合防治措施包括严格检疫、农业防治、物理防治、生物防治和化学防治。

1. 严格检疫　在调运猕猴桃的苗木和接穗时，要严格检疫介壳虫、线虫和猕猴桃细菌性溃疡病等病虫害，不从病区引入苗木，防止人为造成病苗传播，严防将介壳虫传入新的果区。

新猕猴桃园栽种的苗木要严格检查，绝不栽植携带线虫的苗木。对外来苗木要进行消毒处理。在猕猴桃生产上嫁接用的接穗在嫁接前必须进行消毒处理，防治猕猴桃细菌性溃疡病。

2. 农业防治　农业防治主要目的是调控猕猴桃园生长的小气候，创造适宜猕猴桃生长发育而不适宜病虫害发生的条件；提高猕猴桃树体健康生长，提高其抗病虫害的能力，减轻病虫害的危害。生产上合理修剪，园地通风透光良好，树体负载量适宜，肥水充足，是减少病虫害大发生的基础。超载、郁闭的猕猴桃园，病虫害防治效果也不会好。

（1）科学建园　避免在低洼地建园，在多雨季节或低洼处采用高畦栽培，保持果园内排水通畅、不积水，降低果园湿度。

（2）选用抗性品种　选用抗病虫砧木和抗病虫害的品种，培育栽植脱毒或无病虫苗木。

（3）加强果园管理

①合理负载。一般美味猕猴桃亩产量控制在2 000 ～ 2 500千克，中华猕猴桃亩产量控制在1 000 ～ 1 500千克。

②平衡施肥。要增施有机肥、微生物菌肥，减少化肥用量；有机肥要充分腐熟，幼园每年亩施有机肥1 500 ～ 2 000千克，盛果期果园每亩施有机肥4 000 ～ 5 000千克；要做到配方平衡施肥，适当追施钾、钙、镁、硅等提高植物抗性的矿质肥料，生长后期控制氮肥的使用量。

③科学修剪。幼树前促后控，提高枝蔓成熟度，增强树体抗病性。防止枝梢徒长，对过旺的枝蔓进行修剪，保持良好的通风透光，树冠密度以阳光投射到地面空隙呈筛孔状为宜，降低园内湿度。修剪工具及时

消毒。

④合理灌溉。实施果园生草覆盖，提高果园保水能力，适当减少灌溉次数和控制灌水量。实行垄上栽培，可以有效避免树盘积水。

⑤深翻树盘。果园地面生草覆盖或秸秆覆盖；创造不利于病虫害发生危害的环境条件；

(4) *冬季清园*　清除园内病虫害枝蔓、枯枝落叶、粗树皮及周围各类植物残体、农作物秸秆等，带出园外烧毁或深埋。深秋或初冬翻耕土地，消灭部分幼虫，减少田间害虫数量。

(5) *科学采收及贮藏*　减少采收时造成的伤果，轻摘轻放，减少碰撞。入库前严格挑选，对冷藏果贮藏至30天和60天时分别进行两次挑拣，剔除伤果、病果，防止二次侵染。

(6) *树体保护*　冬季用波尔多液或石灰水涂干，保树防冻，也可用稻草或秸秆等包干。

3. 物理防治　即利用物理机械的方法进行病虫害的防治。

(1) *人工捕杀*　冬季用硬塑料刷或细钢丝刷，刷掉枝蔓上的虫体或虫卵。修剪时，剪掉害虫聚集的枝蔓。冬季刮除树干基部的老皮，涂上约10厘米宽的粘虫胶。利用成虫的假死性，在成虫发生期于清晨或傍晚，摇动树干振落成虫，人工集中扑杀。发现已定植苗木带虫时，挖去烧毁，并将带虫苗木附近的根系土壤集中深埋至地面50厘米以下。

(2) *利用害虫的趋性诱杀*　利用害虫的趋光性，采用频振式杀虫灯、黑光灯等灯光诱杀成虫。利用害虫的趋化性，果园用糖醋液诱杀。利用害虫的趋色性，果园悬挂色板诱杀（图8-182至图8-184）。

图8-182　杀虫灯诱杀害虫

(3) *利用热力作用杀灭病原*　对发病的嫁接苗和实生苗坚决集中烧毁。对显示症状或可疑的苗木栽植前及时处理，可用48℃温水浸根

图8-183　悬挂糖醋液瓶诱杀害虫

图8-184　悬挂黄板诱杀害虫

15分钟，可杀死根瘤内的线虫。

4.生物防治　即利用自然界有益生物或其他生物来抑制或消灭有害生物的防治方法，其主要措施是保护和利用自然界害虫的天敌、繁殖释放优势天敌、发展性激素防治虫害等。

（1）保护利用天敌。自然状态下，天敌控制着害虫的种群数量，害虫与天敌保持着一定的生态平衡，猕猴桃园的生境环境下，也有许多害虫的天敌，在控制着害虫的数量，常见的天敌主要有瓢虫、草蛉、食蚜蝇、螳螂和蜘蛛等。

保护天敌的措施主要有：

①保护利用本地的优势天敌。果园常见天敌有七星瓢虫、草蛉、食蚜蝇、螳螂、蜘蛛等（图8-185至图8-189）。可以采用果园生草，创造有利于天敌生存的生态条件；合理使用农药，避免杀伤天敌，选择使用高效、低毒、对天敌杀伤力小的药剂。

图8-185　七星瓢虫

图8-186　草　蛉

图8-187　食蚜蝇

图8-188　螳　螂

图8-189　蜘　蛛

②引进释放捕食性和寄生性天敌防治害虫。如释放捕食螨、寄生蜂等（图8-190、图8-191）。

图8-190　释放捕食螨

图8-191　释放寄生蜂

(2) 利用食虫动物防虫

①果园养殖鸡鸭等食虫动物取食消灭害虫（图8-192）。

②保护利用自然界中的鸟类。鸟类可捕食田间害虫（图8-193）。

图8-192　果园养鸡吃虫

图8-193　利用鸟类捕食害虫

(3) 喷施生物农药防治病虫害　生物农药具有广谱、高效、安全、无抗药性、不杀害天敌等优点，能防治对传统农药已有抗药性的害虫，而且还不会产生交叉抗药性。生物农药对人、畜及各种有益生物较安全，是生产无公害农产品的必要产品。

生产上常用1.5%多抗霉素可湿性粉剂300 ～ 500倍液防治猕猴桃轮纹病、炭疽病，抗生素类农药防治猕猴桃细菌性溃疡病等。喷施Bt可湿性粉剂500 ～ 1 000倍液防治鳞翅目害虫，喷洒1.8%阿维菌素乳油5 000倍液防治叶螨等。喷施昆虫生长抑制剂如25%灭幼脲悬浮剂为2 000倍液和20%杀蛉脲悬浮剂6 000 ～ 8 000倍液来防治鳞翅目害虫的幼虫。

5. 化学防治　即使用化学农药防治植物病虫害的防治方法，具有高效、速效、使用方便、经济效益高等优点。缺点是会对植株产生药害，引起人畜中毒，杀伤有益生物，导致病原物或害虫产生抗药性，还可造成环境污染。

附录1

猕猴桃周年管理工作历

物候期	月份	作业管理项目	注意事项
休眠期	1月	①冬季修剪。②沙藏接穗。③清洁果园。④树干涂白或包干。	冬剪后要使枝蔓不重叠、不交叉，均匀分布在架面上。
	2月	①嫁接。②整理砧木。③防治猕猴桃细菌性溃疡病等病虫害。	根据天气变化，气温变暖可提前嫁接，变冷可推后嫁接，接穗上部用漆封顶，或用接蜡涂抹。
萌芽期	3月	①追肥。②高接。③播种育苗。④防治病虫害。⑤新建园栽树。	塑料条粗1厘米，长按砧木粗而定，务必绑紧。种子用野生美味猕猴桃的种子。发芽期慎用化学药剂。
展叶期及花蕾期	4月	①夏剪。②防治病虫害。③疏蕾疏花。④苗圃管理。⑤灌水。⑥叶面喷肥。⑦防晚霜。	①继续高接换种。②果柄伸长后疏花疏蕾。③有条件地区可采用渗灌、微喷灌、滴灌。
开花期	5月	①授粉。②疏果。③防治病虫害。④施肥。⑤种草、中耕。⑥高接树管理。⑦苗圃管理。	①风雨天过后必须进行人工授粉。②喷药时可杀虫、杀菌药剂合理混用防治病虫害。③继续搞好夏剪。
果实膨大期	6月	①施肥。②夏剪。③疏果。④防治病虫害。⑤高接树管理。⑥灌水。	①不要连续摘心，也不要迟摘心。②利用斑衣蜡蝉群居习性集中防治。③水位高地区必须挖排水沟。
果实膨大着色期	7～8月	①防治病虫害。②中耕。③早熟果采收。④施肥。⑤夏剪。⑥高接换种。	①高温季节预防果实日灼和叶片烧干。②绑好蔓防止风吹叶摩。
果实着色采收期	9月	①促进果实着色。②防治病虫害。③高接换种。④库体消毒。⑤中熟果采收。⑥施肥。	①注意防治果实熟腐病。②果箱也要同时消毒。
果实采收期	10月	①采收。②贮藏。③商品化处理。④施肥。	贮藏库消毒后要在果实入库前排放库内气体。
落叶期	11～12月	①清园。②栽树。③施肥。④深翻。⑤涂白。⑥浇水。⑦冬剪。	①要选择市场前景好和质量有保证的新优品种苗木。②冬季防冻。

附录 2

猕猴桃病虫害防治年历

物候期	防治内容与主要措施	目的
休眠期	①树干、大枝用涂白剂涂白。②绑稻草或秸秆护理根茎部和主干。注意：涂白包干前必须做好主干PSA预防工作。③人工清园。清扫果园的枯枝落叶，剪除病虫枝蔓，带出园外集中烧毁或深埋；抹除卵块。④冬剪时注意消毒，冬剪后及时喷药保护伤口。⑤及时检查，尽早预防溃疡病。	①防寒抗冻，提高树体的抗病能力。 ②降低田间病虫害越冬基数，减少第二年的病源和虫口基数。
萌芽期	①药剂清园。萌芽前20天，全园喷施3 ~ 5波美度的石硫合剂清园。严重时7 ~ 10天后再喷一次。②继续做好溃疡病防治工作。③防治金龟子等危害芽的害虫。使用杀虫灯和糖醋液灯诱杀；人工捕捉金龟子等。	继续降低田间初侵染源的数量，喷施要全面彻底。
开花前	①防治金龟子、斑衣蜡蝉、蝽、小薪甲等害虫。②防治花腐病和褐斑病等病害。开花前后每7 ~ 10天喷施1次杀虫杀菌剂。	保护花蕾，减少花期病虫害的危害。
谢花后至幼果期	①防治金龟子、斑衣蜡蝉、蝽、小薪甲等害虫。②及时喷药防治灰霉病等果实病害，预防褐斑病等病害，7 ~ 10天1次，连喷2 ~ 3次。具体药剂使用参见第8章。	主要预防叶部病害，防治其病原菌扩散蔓延，降低危害。
果实膨大期	继续进行喷雾防治叶部病害和小薪甲、蝽和叶螨。检查防治根腐病，刨开晾根，药剂灌根防治。	防治叶部及果实病虫危害。
新梢旺长期	抓紧防治褐斑病、灰斑病等叶部病害和害虫危害。	防治多种病虫害，保护新梢。
果实成熟期至采果期	①防治蝽等害虫危害果实。②采果前10 ~ 15天用甲基硫菌灵或多菌灵喷雾1次。③采果后及时喷药防治溃疡病。	①预防贮藏期病害。②防治溃疡病从伤口等处入侵危害。
贮藏期	做好贮藏期病害如青霉病、软腐病等的防治。	防治贮藏期病害，降低库损率。

附录3

石硫合剂的熬制与使用

石硫合剂作为猕猴桃生产上主要的化学清园剂，是果园冬季休眠期进行化学清园的首选清园剂，也是生长期防治病虫害的无机矿物源药剂。

石硫合剂主要以硫黄粉、生石灰和水按一定比例熬制而成。原液为红褐色液体，具有硫化氢的气味。具有杀虫、杀螨和杀菌的作用，不易产生抗性。其主要成分为多硫化钙和一部分的硫代硫酸钙，强碱性，腐蚀性强，有侵蚀昆虫表皮蜡质层的作用，一般用陶器等非金属容器保存。

1. 熬制方法 石硫合剂的一般按生石灰1千克、硫黄粉2千克、水10千克的配比熬制。

常用熬制方法是先将生石灰用少量水化开，调成糊状，再加入硫黄粉搅拌均匀，然后加入其余的水，做好水位线记号，熬制40～60分钟。熬制时开始用大火，煮沸后火力不要太猛，边熬边搅，并用热水补足散失的水分，熬制45分钟后不再加水再熬制15分钟即成原液。

当锅内药液由黄色变为红色，再变为红褐色时即可。可以取少量原液滴入清水中，立即散开，表明已经熬好；如果药滴下沉，则需继续熬制。熬好的原液冷却后过滤去渣质，用波美度计测量原液浓度。

温馨提示

熬制时要选用优质生石灰，硫黄粉要碾细；熬好后药液贮藏于密封的陶制容器内，或在表面滴一层矿物油备用；不能用铁器等金属容器盛放。

2. 使用时的稀释方法 一般利用波美度计测出原液的浓度，再根据所需使用浓度查阅石硫合剂重量稀释倍数表得到每千克原液的加水量，见下表。

也可以利用石硫合剂的稀释倍数公式计算：

稀释倍数（按重量计）=（原液浓度－使用浓度）/使用浓度

例如：原液浓度30波美度的石硫合剂要配制4波美度的药液，需要加入多少水？根据公式：稀释倍数=（30 － 4）/4=6.5，即每千克30波美度的原液加水6.5千克就可配制成4波美度的药液。

温馨提示

石硫合剂为强碱性，使用时不能和酸性农药混用，也不能和铜制剂混合使用；与波尔多液交替使用时，应间隔20 ～ 30天，间隔时间短易产生药害；原液有腐蚀性，使用时要多加小心，皮肤、衣服沾上原液应立即用清水冲洗。

石硫合剂稀释倍数表（以重量计）

原液浓度（波美度）	配制浓度（波美度）									
	0.1	0.2	0.3	0.4	0.5	1.0	2.0	3.0	4.0	5.0
15.0	149	74.0	49.0	36.5	29.0	14.0	6.5	4.00	2.75	2.00
16.0	159	79.0	52.3	39.0	31.0	15.0	7.0	4.33	3.00	2.20
17.0	169	84.0	55.6	41.5	33.0	16.0	7.5	4.66	3.25	2.40
18.0	179	89.0	59.0	44.0	35.0	17.0	8.0	5.00	3.50	2.60
19.0	189	94.0	62.3	46.5	37.0	18.0	8.5	5.33	3.75	2.80
20.0	199	99.0	65.6	49.0	39.0	19.0	9.0	5.66	4.00	3.00
21.0	209	104.0	69.0	51.5	41.0	20.0	9.5	6.00	4.25	3.20
22.0	219	109.0	72.3	54.0	43.0	21.0	10.0	6.33	4.50	3.40
23.0	229	114.0	75.6	56.5	45.0	22.0	10.5	6.66	4.75	3.60
24.0	239	119.0	79.0	59.0	47.0	23.0	11.0	7.00	5.00	3.80
25.0	249	124.0	82.3	61.5	49.0	24.0	11.5	7.33	5.25	4.00
26.0	259	129.0	85.6	64.0	51.0	25.0	12.0	7.66	5.50	4.20
27.0	269	134.0	89.0	66.5	53.0	26.0	12.5	8.00	5.75	4.40
28.0	279	139.0	92.3	69.0	55.0	27.0	13.0	8.33	6.00	4.60
29.0	289	144.0	95.6	71.5	57.0	28.0	13.5	8.66	6.25	4.80
30.0	299	149.0	99.0	74.0	59.0	29.0	14.0	9.00	6.50	5.00

附录 4

猕猴桃生产上允许使用的农药（NY/T 5012—2001）

	农药品种	毒性	稀释倍数与使用方法	防治对象
杀虫剂	1%阿维菌素乳油	低毒	5 000倍液，喷施	叶螨、线虫
	0.3%苦参碱水剂	低毒	800～1 000倍液，喷施	蚜虫、叶螨
	10%吡虫啉可湿性粉剂	低毒	5 000倍液，喷施	蚜虫、蛾类
	25%灭幼脲3号悬浮剂	低毒	1 000～2 000倍液，喷施	蛾类
	10%烟碱乳油	低毒	800～1 000倍液，喷施	蚜虫、叶螨
	20%杀铃脲悬浮剂	低毒	8000～10 000倍液，喷施	蛾类
	50%马拉硫磷乳油	低毒	1 000倍液，喷施	金龟子
	50%辛硫磷乳油	低毒	1000～1 500倍液，喷施	金龟子
	5%尼索朗乳油	低毒	2 000倍液，喷施	叶螨
	15%哒螨灵乳油	低毒	3 000倍液，喷施	叶螨
	10%浏阳霉素乳油	低毒	1 000倍液，喷施	叶螨
	5%卡死克乳油	低毒	1 000～1 500倍液，喷施	叶螨
	苏云金杆菌可湿性粉剂（Bt）	低毒	500～1 000倍液，喷施	金龟子
杀菌剂	松焦油原液（腐必清）	低毒	萌芽前2～3倍液，涂抹	溃疡病
	2%农抗120水剂	低毒	100倍液，喷施	溃疡病
	80%代森锰锌可湿性粉剂	低毒	800倍液，喷施	褐斑病
	石灰倍量式波尔多液	低毒	200倍液，喷施	褐斑病、溃疡病
	石硫合剂	低毒	芽前3～5波美度，开花前后0.3～0.5波美度，喷施	溃疡病、白粉病、叶螨
	50%扑海因可湿性粉剂	低毒	1000～1500倍液，喷施	灰霉病
	70%乙膦铝锰锌可湿性粉剂	低毒	500～600倍液，喷施	叶斑病
	硫酸铜	低毒	100～150倍液，喷施	溃疡病、根腐病

附录 5

猕猴桃生产上的禁限用农药

1. 限制使用的农药　限制使用的一些中等毒性的农药。如2.5%三氯氟氰菊酯(功夫)乳油、20%甲氰菊酯(灭扫利)乳油、20%氰戊菊酯乳油、2.5%溴氰菊酯乳油和80%敌敌畏乳油等，要严格按照使用浓度施用。

2. 禁止使用的农药　根据农业部第199号、第274号公告、第632号、第806号，全面禁止使用以下农药：六六六(BHC)，滴滴涕(DDT)、毒杀芬，二溴氯丙烷，杀虫脒，二溴乙烷(EDB)，除草醚，艾氏剂，狄氏剂，汞制剂，砷、铅类，敌枯双，氟乙酰胺，甘氟，毒鼠强，氟乙酸钠，毒鼠硅；甲胺磷，甲基对硫磷(甲基1605)，对硫磷(1605)，久效磷和磷胺；氧化乐果，克百威(呋喃丹)，绿黄隆，甲黄隆，绿麦隆，三氯杀螨醇。

禁止在蔬菜、果树、茶叶、中草药材上使用的农药有：甲拌磷，甲基异柳磷，五氯酚钠，特丁硫磷，甲基硫环磷，治螟磷，内吸磷，克百威，涕灭威，灭线磷，硫环磷，蝇毒磷，地虫硫磷，氯唑磷，苯线磷。

猕猴桃生产上使用农药要按照农药残留限量标准，严格控制农药残留，确保不超标，保证猕猴桃果品的质量安全。

附录 6

猕猴桃生产上使用的主要化肥

种类	名称	营养元素含量（%）	性质与特点
氮肥	碳酸氢铵	氮（N）16.8～17.5	弱碱性，生理中性，有臭味，易潮解挥发，作基肥、追肥，宜深施覆土。
	硝酸钙	氮（N）13～15	中性，生理碱性，吸湿性强，钙质性肥料，作追肥效果好。
	尿素	氮（N）45～46	中性，吸湿性小，肥效稍慢，分解为铵态氮后被吸收，宜作基肥，作追肥应比其他肥料提前3～5天，作根外追肥最为理想。
磷肥	过磷酸钙	磷（P）5.3～7.9	酸性，副成分硫酸钙，有吸湿性、腐蚀性，适合各类土壤，当季利用率低，与有机肥混合作基肥用，施于根层。
	重过磷酸钙	磷（P）20.2～22.9	弱酸性，吸湿性强，易结块，使用方法同过磷酸钙，长期使用易出现缺硫。
	钙镁磷	磷（P）6.2～8.8	碱性，生理碱性，无腐蚀性，适合酸性土壤，一般作基肥，施于根层。
钾肥	氯化钾	钾（K）41.5～49.8	中性，生理酸性，易溶于水，速效性，宜作基肥或深施。
	硫酸钾	钾（K）39.8～43.2	中性，生理酸性，吸湿性弱，易溶于水，石灰性土壤与有机肥配合使用以避免生成硫酸钙引起土壤板结，宜作基肥或深施。
氮磷复合肥	磷酸二铵	氮（N）5.3～7.9 磷（P）38.2～43.2	中性，易溶于水，在潮湿空气中易分解，引起氨挥发损失，不能与碱性物质一起存放，适合各种土壤，可作基肥，追肥宜早施。
	硝酸磷肥	氮（N）5.3～8.8 磷（P）10～16.6	弱酸性，有一定吸湿性，部分溶于水，遇碱性物质易挥发分解，适合多种土壤，宜作追肥用。
磷钾复合肥	磷酸二氢钾	磷（P）22 钾（K）24.9	酸性，吸湿性弱，易溶于水，适合各种土壤，一般作叶面喷肥，浓度0.1%～0.3%。
氮磷钾复合肥	氮磷钾复合肥	氮（N）15 磷（P）6.6 钾（K）12.5	中性，水溶性、弱酸溶性。

附录 7

猕猴桃生产上使用的主要肥料混合使用表

×：不能混用
○：可以混用
※：混合后立即使用

	硫酸铵	氯化铵	碳酸氢铵	硝酸铵	石灰氮	过磷酸钙	重过磷酸钙	钙镁磷肥	沉淀过磷酸钙	磷矿粉	磷酸铵	硫酸钾	氯化钾	人畜粪尿	堆肥厩肥
氯化铵	※														
碳酸氢铵	※	※													
硝酸铵	※	×	※												
硝酸钙	×	×	×	×											
尿素	※	※	※	※											
过磷酸钙	○	○	※	※	×										
重过磷酸钙	○	○	※	×	×	○									
钙镁磷肥	×	×	×	×	×	×	×								
沉淀过磷酸钙	○	○	×	※	※	※	※	×							
磷矿粉、骨粉	×	×	×	×	○	○	×	○	○						
磷酸铵	※	※	※	※	×	○	○	×	○	×					
硫酸钾	○	○	※	○	○	※	○	×	○	○	○				
氯化钾	○	○	※	○	※	○	○	×	○	※	×	○			
人畜粪尿	○	○	×	○	×	○	○	○	○	○	○	○	○		
堆肥、厩肥	○	○	×	○	×	○	○	○	○	○	※	○	○	○	
石灰	×	×	×	×	○	×	×	○	×	○	×	○	○	×	×

主要参考文献

韩礼星，黄贞光，庞凤歧，等. 2002. 优质猕猴桃丰产栽培技术彩色图说[M].北京:中国农业出版社.

黄宏文，钟彩虹，胡兴焕，等. 2013. 中国猕猴桃种质资源[M].北京：中国林业出版社.

雷玉山，王西锐，姚春潮，等. 2010. 猕猴桃无公害生产技术[M].杨凌:西北农林科技大学出版社.

李建军，刘占德，姚春潮，等. 2018. 猕猴桃病虫害识别图谱与绿色防控技术[M]. 杨凌；西北农林科技大学出版社.

刘旭峰，龙周侠，姚春潮，等. 2006. 猕猴桃栽培新技术[M].杨凌:西北农林科技大学出版社.

刘占德，姚春潮，李建军，等. 2013. 猕猴桃职业农民培训丛书:猕猴桃[M].西安:三秦出版社.

刘占德，李建军，姚春潮，等，2014. 猕猴桃规范化栽培技术[M]. 杨凌: 西北农林科技大学出版社.

齐秀娟，方金豹，陈锦永，等. 2017. 猕猴桃高产栽培整形与修剪图解[M]. 北京：化学工业出版社.

王仁才，钟彩虹，卜范文，等. 2016. 猕猴桃优质高效标准化栽培技术[M]. 长沙：湖南科学技术出版社.

姚春潮，张立功，张有平，等. 2007. 新编无公害猕猴桃优质高效栽培、加工及营销[M].西安:陕西科技出版社.

张洁. 2016. 猕猴桃栽培与利用[M]. 北京：金盾出版社.

张有平，李恒，龙周侠，等. 1998. 猕猴桃优质丰产栽培与加工利用[M].西安:陕西人民教育出版社.